U0851838

公路工程施工安全风险控制

公路桥涵工程施工
安全技术与风险控制

赵井旺　周　奎　于泾泓　编著

中国铁道出版社

2016年·北京

内 容 简 介

全书以风险分析为基础，以风险控制为主线，全面阐述了公路桥涵工程施工安全调查、施工临时设施设计与建造、基础工程施工、墩台与盖梁施工、混凝土梁预制与架设、现浇混凝土箱梁、钢梁架设、拱桥施工、斜拉桥施工、斜腿刚构桥施工、悬索桥施工、桥梁转体法施工、桥涵顶进、跨越既有铁路（道路）桥梁施工等方面的风险控制重点和风险控制技术措施。为提高读者的工程施工风险分析能力，还介绍了多项工程施工风险控制范例，使本书对同行有一定的借鉴意义。

图书在版编目（CIP）数据

公路桥涵工程施工安全技术与风险控制/赵井旺，周奎，于泾泓编著. —北京：中国铁道出版社，2016. 8

（公路工程施工安全风险控制）

ISBN 978-7-113-22248-2

Ⅰ. ①公… Ⅱ. ①赵… ②周… ③于… Ⅲ. ①公路桥—桥涵工程—工程施工—安全技术 Ⅳ. ①U448. 147

中国版本图书馆 CIP 数据核字（2016）第 197418 号

书　　名：**公路桥涵工程施工安全技术与风险控制**
作　　者：赵井旺　周　奎　于泾泓

策　　划：曹艳芳
责任编辑：冯海燕　　　　**编辑部电话**：010-51873017
封面设计：王镜夷
责任校对：苗　丹
责任印制：陆　宁　高春晓

出版发行：中国铁道出版社（100054，北京市西城区右安门西街 8 号）
网　　址：http://www.tdpress.com
印　　刷：三河市宏盛印务有限公司
版　　次：2016 年 8 月第 1 版　2016 年 8 月第 1 次印刷
开　　本：787 mm×1 092 mm　1/16　印张：10　字数：239 千
书　　号：ISBN 978-7-113-22248-2
定　　价：25. 00 元

版权所有　侵权必究

凡购买铁道版图书，如有印制质量问题，请与本社读者服务部联系调换。电话：（010）51873174（发行部）

打击盗版举报电话：市电（010）51873659，路电（021）73659，传真（010）63549480

前　言

公路桥涵工程施工有着流动性强、临时设施多、施工工序复杂等特点。这些特点决定了公路桥涵工程施工有着很高的安全风险，加之公路建设队伍规模急剧扩张，施工人员技术水平参差不齐，其施工安全技术与风险控制就显得尤为重要。"安全无小事，细节决定成败"，在公路桥涵工程施工安全管理工作的事前预防、超前控制上，抓好每一件小事，重视每一个细节，把小事做细，把细节做严、做实、做到位，向精细化管理要安全。

全书以风险分析为基础，以风险控制为主线，全面阐述了公路桥涵工程施工安全技术与风险控制的方法与策略。以事故超前控制为理念，系统阐述了施工准备阶段的风险控制重点与风险控制技术措施；以风险全过程控制为理念，论述了临时设施选址、设计、施工、使用的全过程风险控制策略与技术措施；以施工过程风险精细化分析与控制为主线，阐述了基础工程施工、墩台与盖梁施工、上部结构施工、桥面及附属工程施工的风险控制重点与风险控制技术措施，另外，还专门论述了拱桥、斜拉桥、悬索桥等特殊桥型以及桥梁转体法施工、涵洞等小型结构物施工的风险控制重点与风险控制技术措施；以环境安全为理念，论述了桥涵顶进施工、跨越铁路（道路）桥梁施工的风险控制重点和风险控制技术措施；以提高技术人员与安全管理人员的风险辨识、风险策略分析水平为目的，通过工程范例论述了如何在实际工程中进行风险分析以及提出风险控制策略，力求使本书对同行有一定的借鉴意义。

全书共分十章，撰写分工：第一章、第三章、第九章、第十章由河北省滦平县交通运输局地方道路管理站赵井旺撰写；第二章、第五章由河北省滦平县交通运输局周奎撰写；第四章、第六章、第七章、第八章由河北省承德市公路管理处于泾泓撰写。全书由赵井旺负责统稿。本书撰写工作得到了石家庄铁道大学黄守刚的大力支持和热情帮助，在此表示衷心感谢。

限于编著者们的水平和能力，书中错误和不妥之处在所难免，恳请广大读者批评指正。

编著者

2016 年 5 月

目　　录

第一章　施工准备安全技术与风险控制

第一节　公路桥涵工程施工安全特点

近年来，我国公路都一直在大量修建，所经地区自然环境差异大，加之桥梁建设施工环境恶劣、施工工艺复杂、技术含量高、施工难度大等特点，桥梁施工一直属于高风险行业，特别是近几年桥梁跨径的不断增大和新材料的应用，都给桥梁施工阶段的管理带来更大的困难，桥梁在施工阶段的安全问题就更为突出。

一、桥梁施工项目的特殊性

桥梁建筑项目在施工过程中，施工环境复杂，各种危险、有害因素相互交织，既具有一般建筑施工项目的特点，也具有自身的特殊性。

1. 一次性

考虑项目的规模、结构以及实施的时间、地点、参加者、自然条件和社会条件，世界上没有绝对相同的桥梁建筑，设计的单一性，施工的单件性，使得它不同于制造业的重复生产。桥梁工程施工任务是一次性的，且由于每个项目都有其时间、地点、环境、技术、经济等的特殊性，使得每次任务均具有区别于其他任务的特点。

生产的一次性使得项目的安全管理知识、经验和技能积累困难，并很难将其重复地运用到以后的安全管理中。不确定因素多，也决定了在建设的过程中，安全管理所要面对的环境十分复杂，并且需要不断地面对新的问题，需要充分发挥创造性。

2. 流动性

首先是施工队伍流动性。桥梁建筑工程项目具有固定性，这决定了建筑工程项目的生产是随项目的不同而不断地流动的，施工队伍需要不断地从一个地方远距离换到另一个地方进行施工，施工流动性大，生产周期长，作业环境复杂，可变因素多。

其次是人员流动性。桥梁施工的作业条件较差，施工人员的技术水平、文化程度、安全素养普遍不高。有关资料表明，超过 80%的施工人员是农民工，人员流动性较大。

最后是施工过程流动性。桥梁建筑工程从基础主体到竣工各阶段，因分部、分项工程、工序的不同，施工方法的不同，现场作业环境、状况和不安全因素都在变化中，作业人员需要经常适应不同的工作环境，建筑项目的流动性特点存在不确定性，要求项目的组织管理对安全生产具有高度的适应性和灵活性。

3. 密集性

首先是劳动密集。目前，建筑业工业化程度较低，需要大量人力资源的投入，是典型的劳动密集型行业。由于建筑业集中了大量的农民工，很多都是没有经过专业技能培训，这样的劳动密集型给安全管理工作提出了挑战。

其次是资金密集。建筑项目的建设是以大量资金投入为前提的,尤其是公路桥梁,有时资金总投入多达几亿元,跨海大桥甚至多达几十亿元(例如苏通大桥造价约 84 亿)。资金投入大决定了建筑项目受制约的因素多:一是受施工资源的约束;二是受社会经济波动的影响;三是受社会政治的影响。因此,建筑安全生产要考虑外界环境的影响。

4. 周期长

桥梁工程尤其是大型桥梁的施工,在较长的时间内占用、消耗了大量的资源,直到工期结束,才能得到可以使用的产品。因此,在施工的各阶段,应严格计划,科学管理,在桥梁施工的整个周期中,使各环节紧密相扣,使工程施工安全得到控制,使工程的技术经济效益及社会效益均达到最佳。

5. 协作性

桥梁工程结构形式多样,因地质、水文及公路等级、使用要求的不同而有不同的设计。如大型桥梁跨越主河道,主桥的结构形式与引桥的结构形式有很大的不同。为了按计划正常施工,建设、设计、监理、施工单位必须密切配合,材料、动力、工程各部门应全力协作,地方各级政府部门和沿线的各相关单位的团结协作也不可缺少。

二、桥梁施工企业的组织机构特点

1. 项目管理与企业管理离散

施工企业安全生产管理水平往往通过工程项目管理水平加以体现和落实,由于一个企业同时有多个项目,且项目往往远离公司总部,这种现实状况使得现场安全管理的责任更多地由项目部来承担。由于桥梁工程项目的临时性、特定环境和条件以及项目盈利能力的压力等,使得企业的安全管理制度和措施往往难以得到充分的落实。

2. 多层次分包制度

由于建筑工程存在分包、专业承包的体制,总承包企业与分包或专业承包企业责任制度的建立和落实、现场的管理和协调等,对工程质量、安全管理影响很大。

3. 施工管理的目标(结果)导向

项目具有明确的目标(质和量)和资源限制(时间成本),这些往往对建筑施工单位形成一定的压力。建筑施工中的管理主要是一种目标导向的管理,而安全管理恰恰是过程中的管理。

三、安全管理体系相关概念的定义与区别

安全管理体系的基础是危险源辨识与风险评价。与它们相关的概念还有故障、隐患、危险、风险事故、安全。下面对这些基本概念做简要阐述,以加深读者对安全管理工作的理解,提高安全管理的水平和效率。

(一)故障、隐患、危险、风险、事故、安全的定义

故障:设备在工作过程中,因某种原因“丧失规定功能”或危害安全的现象。

隐患:就是在某个条件、事物以及事件中所存在的不稳定并且影响到个人或者他人安全利益的因素。

危险:指材料、物品、系统、工艺过程、设施或场所对人、财产或环境具有产生伤害的潜能。

风险:某一特定危险情况发生的可能性和后果的组合。

事故:是指造成死亡、疾病、伤害、损坏或者其他损失的意外情况。

安全:免除了不可接受的损害风险的状态。

这些概念是区别和联系的。所谓的安全,不是指完全没有损害,而是指损害在可以接受的范围。绝对的安全是不存在的,任何时候都会有大大小小的隐患存在。如果及时发现并消除隐患就能使系统处在一个正常的状态。如果存在隐患而没有及时处理,就会发生故障。故障不一定会有危险,也有可能是丧失一些功能,却也有可能导致危险。而风险是指发生危险的可能性,不是指危险本身。事故是意外情况,而不是意外情况的也有可能是危险,比如说施工过程中产生粉尘不是事故,但长期处于这种环境中,却对人体有害。

(二)危险源与事故隐患的定义与区别

1. 危险源的定义

危险源是指一个系统中具有潜在能量和物质释放危险的,可造成人员伤害、财产损失或环境破坏的,在一定的触发因素作用下可转化为事故的部位、区域、场所、空间、岗位、设备及其位置,以及不安全的行为和状态。危险源具有三个要素:

(1)危险一般由于能量或毒物释放失去控制而引起。在进行风险分析时,首先要确定危险源种类,如毒物释放、爆炸、火灾等;其次要确定系统中哪一部分是危险的来源,如压力容器、压力管道、储罐、动力装置等。

(2)环境、人员或其他生态系统、建筑物或构筑物暴露于危险区域的程度。

(3)危险一旦发生,对暴露目标的有害作用或可能造成的损失。

这三个要素称为风险链,在进行风险分析时,要对链中的每个环节作具体分析和评价。

2. 事故隐患的定义

事故隐患是指人的活动场所、设备及设施的不安全状态,或者由于人的不安全行为和管理上的缺陷而可能导致人身伤害或者经济损失的潜在危险。不明显的故障点或虽有受伤点但各项指标均不超出安全许可范围,都可称之为安全隐患。

3. 事故隐患与危险源的区别

事故隐患与危险源不是等同的概念。

事故隐患是指作业场所、设备及设施的不安全状态,人的不安全行为和管理上的缺陷。它实质是有危险的、不安全的、有缺陷的"状态"。这种状态可在人或物上表现出来,如人走路不稳、路面太滑都是导致摔倒致伤的隐患;也可表现在管理的程序、内容或方式上,如检查不到位、制度的不健全、人员培训不到位等。

危险源是指一个系统中具有潜在能量和物质释放危险的,可造成人员伤害、财产损失或环境破坏的,在一定的触发因素作用下可转化为事故的部位、区域、场所、空间、岗位、设备及其位置。它的实质是具有潜在危险的源点或部位,是爆发事故的源头,是能量、危险物质集中的核心,是能量从那里传出来或爆发的地方。危险源存在于确定的系统中,不同的系统范围,危险源的区域也不同。例如,对于危险行业具体的一个项目(如某桥梁施工项目)就是一个危险源。而从一个工程项目来说,可能是某个仓库、某个场所,一个施工队伍中也可能某台设备是危险源。因此,分析危险源应按系统的不同层次来进行。一般来说,危险源可能存在事故隐患,也可能不存在事故隐患,对于存在事故隐患的危险源一定要及时加以整改,否则随时都可能导致事故。

重大危险源实质上是管理的概念,体现了在事故预防中分清主次、抓住主要矛盾的思想,是国家或者地区对于可能发生重大工业事故的设备、设施、场所采取预先、重点、宏观和统一控制的思想。重大危险源主要针对的是物质危险源,是易燃、易爆、有毒、有害等危险物质的客观存在。当危险物质的量超过了规定的临界量时,即构成了应该着重关注、重点管理的重大危险源。

实际中,对事故隐患的控制管理总是与一定的危险源联系在一起,因为没有危险的隐患也就谈不上要去控制它;而对危险源的控制,实际就是消除其存在的事故隐患或防止其出现事故隐患。所以,在实际中有时不加区别地使用这两个概念。

根据上述对危险源的定义,危险源应由三个要素构成:潜在危险性、存在条件和触发因素。危险源的潜在危险性是指一旦触发事故,可能带来的危害程度或损失大小,或者说危险源可能释放的能量强度或危险物质量的大小。危险源的存在条件是指危险源所处的物理、化学状态和约束条件状态。例如,物质的压力、温度、化学稳定性,盛装压力容器的坚固性,周围环境障碍物等情况。触发因素虽然不属于危险源的固有属性,但它是危险源转化为事故的外因,而且每一类型的危险源都有相应的敏感触发因素。如易燃、易爆物质,热能是其敏感的触发因素,又如压力容器,压力升高是其敏感触发因素。因此,一定的危险源总是与相应的触发因素相关联。在触发因素的作用下,危险源转化为危险状态,继而转化为事故。

4. 风险的特点

风险不等于危险。风险有两种定义:一种定义强调了风险表现为不确定性;而另一种定义则强调风险表现为损失的不确定性。

若风险表现为不确定性,说明风险只能表现出损失,没有从风险中获利的可能性,属于狭义风险。而风险表现为损失的不确定性,说明风险产生的结果可能带来损失、获利或是无损失也无获利,属于广义风险,金融风险属于此类。

风险是某种危险情况发生的可能性,以及这种危险情况发生后所造成伤害或财产损失等后果共同作用的结果。其中危险情况发生的可能性通常可以用这种危险情况发生的概率加以描述。

能量很大的危险源,例如起重机,若控制到位,则风险评价的级别可能很低。能量很小的危险源,例如某个国防光缆,若没有防护或防护不到位,则风险评价的级别可能很高。风险级别越高,预防措施增加越急,增加后风险等级必须进行变化;危险源能量越大,导致控制措施越全面,但是危险源具有的能量不会发生变化。

安全改进项目属于不可接受风险的措施,应该建立在危险源辨识的基础上,没有辨识,就没有不可接受风险,更不需要增加预防措施。

四、桥涵施工项目安全管理的特点

桥涵施工项目安全管理除了具有一般建筑施工安全管理的共同点之外,还具有以下特点:

(1)桥涵工程施工项目安全管理的难点多。由于桥涵施工受自然环境的影响大,高空作业多,地下作业多,水上水下作业多,大型机械多,用电作业多,易燃易爆物品多等,因此安全事故引发点多,必然存在大量危险源。

(2)桥涵安全管理的劳保责任重。因为桥涵工程的施工是劳动力密集型,人工作业多,数量大,交叉作业多,机械集中,施工的危险性大,因此要通过加强劳动保护措施来创造安全施工条件。

(3)桥涵施工现场是安全管理的重点。因为施工现场人员集中,物资集中,机械集中,又是工、料、机结合的作业场所，所以安全事故一般都发生在施工现场。

(4)桥涵施工项目安全管理是企业安全管理的组成部分。桥涵施工项目安全管理作为企业安全管理的一部分，其安全管理体系应服从企业的安全目标及安全制度，并根据工程实际情况，制订符合实际的、有效的安全保障体系与制度。

第二节　桥涵施工安全调查策略

桥涵施工前，应对施工现场和临时工程的安全环境、地质条件、社会环境、气象条件等进行调查，确保临时结构、临时工程的选址、设计和施工的安全，确保工程结构物施工进场的安全，同时为制订安全规章制度等提供资料支持。

1. 桥涵结构物安全调查策略

准确掌握桥涵结构物的位置、结构形式、基础类型、主要工程数量及分布情况，重难点工程结构类型、施工方案、技术难点、推广新技术项目等，尤其应注意高墩、深基坑、大跨等风险较高的工程特点。

2. 水文气象资料安全调查策略

2001 年 12 月，某长江大桥施工现场的江面上突然刮起了大风，致使桥墩上的钢筋受较大风力发生倾斜坍塌，导致 2 人死亡，12 人受伤。因此，水文气象资料务必精准掌握，并与工程结构特点及施工方案相结合，精准分析风险之所在并加以控制。应掌握的水文气象资料包括河流分布、流量、流速、洪水期、水位变化、气温、雨量、风向、风速、大风季节、积雪厚度、冻土深度等，为施工现场的雨期防洪安全工作，水上水下作业的安全管控，冬期防凌、防冻、防寒、防滑的安全控制，高空作业(尤其是江河湖海中修建桥梁，极易受到大风、飓风甚至台风的影响)提供基础分析资料。

3. 地形地貌及地质安全调查策略

全面掌握地形、地貌特征，地质构造(土壤类别、岩层分布、风化程度、不良地质现象和工程地质状况)，地下水的水质、水量，地震烈度等，为工程结构物的安全专项方案编制、安全技术措施的采用、安全风险的管理控制提供基本资料，为便桥、便道等临时工程选址设计与施工维护以及临时结构(围堰、支撑等)的设计、搭设、使用提供基础资料。缺乏地质资料时，杜绝进行临时结构、临时工程的选址和设计，杜绝盲目进行工程结构物的施工，以防发生安全事故。

另外，要特别强调的是，泥石流、滑坡、塌方落石等对工程结构物的施工安全构成极其严重的威胁，务必做好调查，临时工程选址时应进行必要的规避，无法规避时应制订相应的安全措施和应急预案并贯彻实施。

4. 原材料安全调查策略

主要应调查钢筋、水泥等的产地、产量、质量、运距等，既要考虑经济性，又要考虑安全性。调查砂石料的供应情况，若自行采集时，应调查采集地点的危险源(例如河道、河滩采备)；若自行制备，应调查制备的安全环境与安全条件。

5. 既有设施安全调查策略

既有设施安全调查的主要目的在于考虑能否及如何利用既有的电力、油料、燃料、交通、通信、当地水源和生活供应、可利用的民房、劳力和附属辅助设施情况等。不可忽视的是，既有设施对于工程结构物的施工安全也有较大的影响，例如邻近建筑物、铁路营业线、既有公路、高压输电线路等，若方案不当，可能造成触电、火灾、建(构)筑物损毁等严重事故。

6. 社会环境调查策略

掌握当地人口、土地数量、农田水利、征租土地、拆迁的政策和规定等，熟悉当地人民群众生活风俗习惯、社会治安、医疗卫生等情况，以免与当地群众发生矛盾甚至社会群体性事件。

第三节 施工便(栈)桥与码头安全技术与风险控制

一、施工便(栈)桥

(一)风险控制总体策略

施工便桥与施工栈桥，其实是有细微区别的，多数情况下，没有桥墩的称为便桥，有桥墩的称为栈桥。也可以这样理解，便桥属于便道的一部分，仅作为运输通道，而栈桥则修建在桥梁主体工程的侧面，不仅作为运输通道，还作为临时码头。施工便桥和施工栈桥，都属于临时架设的简易桥梁，为了节省篇幅，在此一并叙述。

对于施工便(栈)桥应根据实际情况确定其功能要求，而由功能要求的不同确定其具体的构造组成。通常的形式有型钢便(栈)桥、装配式贝雷梁(上承、下承)便(栈)桥、钢筋混凝土便(栈)桥。按主梁受力方式的不同，便(栈)桥主要有以下两种形式：一种是上承式便(栈)桥(图 1-1)，因主梁形式不同常见的上承式便(栈)桥有工字钢、贝雷梁等；另一种是下承式便(栈)桥(图 1-2)。

施工便(栈)桥作为一种临时工程，若选址不当、设计不周、施工质量不良、运营维护不到位，极易发生桥毁人亡的伤亡事故。其风险控制总体策略为：

(1)严防桥位选址不当的严重性错误，以免造成重大经济损失(甚至重建)和人员伤亡。

(2)设计过程中，严防荷载取值偏于不安全的设计行为(尤其应注意不要缺少风、波浪、潮流等造成的其他可变荷载)，以免因承载能力不足而发生垮塌事故，因抵御自然灾害能力的不足而导致垮塌事故；严防未进行船舶撞击检算，以免一旦船舶撞击而导致桥梁损坏甚至垮塌事故；严防不采取防撞设施、防冲刷措施而发生便(栈)桥垮塌事故。

(3)便(栈)桥使用过程中，严防不对便(栈)桥进行必要的观测、必要的交通管制(可能超载)以及必要的养护维修而发生垮塌事故。

(4)拆除过程中，严防现场盯控不到位、安全措施不到位而发生机械伤害、溺水、起重伤害。

(二)施工便(栈)桥的安全选址

(1)施工前，应根据工程地质、水文地质、使用条件和现场情况，按照现行公路设计规范等的有关规定，对便(栈)桥结构进行施工设计和结构计算，临时便(栈)桥设计图纸应经过审查批准。

(2)以主体工程及拌和站为中心，以最短距离通往主体工程施工场所，并连接主干道路，使内外交通便利。

(3)充分利用原有道路，对不满足施工要求的道路进行改造，以节约投资资金及施工准备时间。

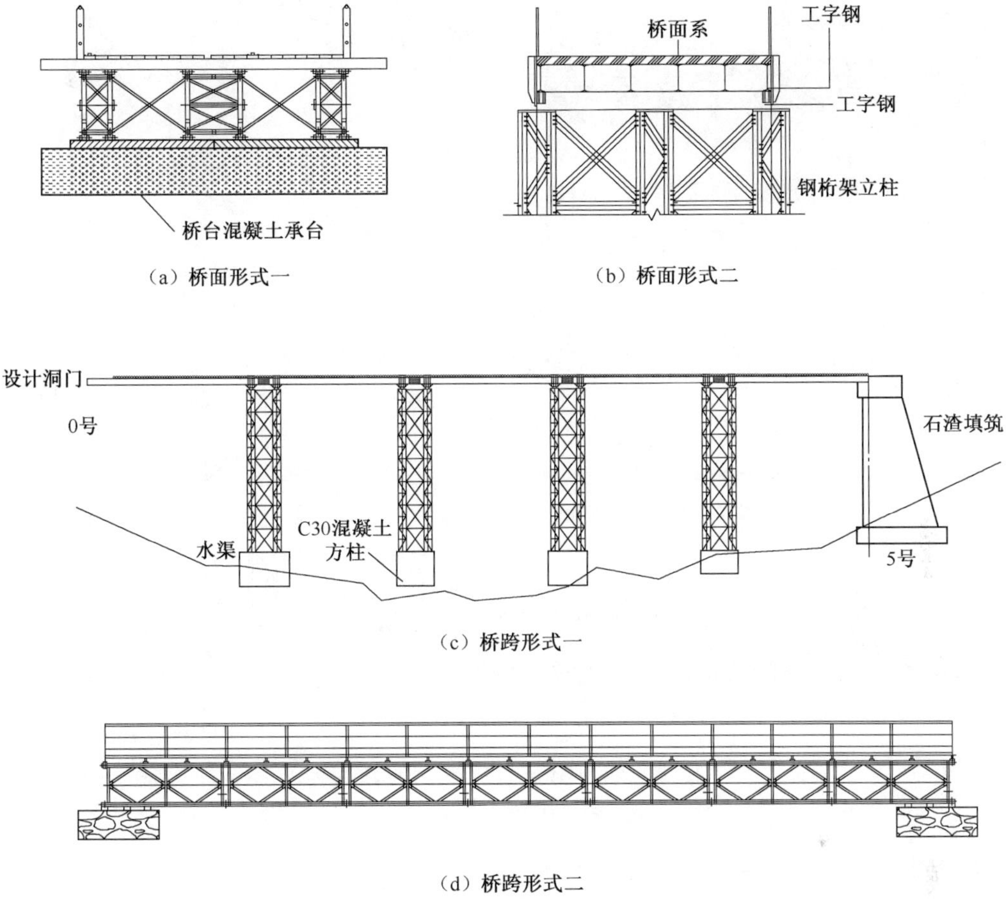

（a）桥面形式一　（b）桥面形式二

（c）桥跨形式一

（d）桥跨形式二

图 1-1　上承式便(栈)桥一般构造

(4)尽量避开洼地和河流,不建便(栈)桥或少建施工便(栈)桥。

(5)因地制宜,充分利用现场的地形和地物。

(6)便(栈)桥的选址要充分考虑河道的排洪要求,同时以尽量减少桥长为原则。

(7)接到设计文件及线路征地图后,应立即组织相关人员进行征地,调查结构物现场的原地貌,结合现场的整体场地规划进行施工便道选线,并随实施性施工组织设计上报监理工程师,批准后方可实施。

(三)施工便(栈)桥的安全设计

(1)便(栈)桥应执行“申报—审批—实施—验收—使用”的程序。一般由使用单位自行组织验收,需地方或上级有关部门鉴定的应组织鉴定。项目经理部设计,并附荷载计算书(有条件委托具备设计资质的应委托具备相应资质的单位进行设计),经监理组验收合格后投入使用。

(2)在展开进行便(栈)桥结构设计前,需要收集以下资料:

1)工程项目设计图纸。

2)沿线各种地形断面图、地层断面图、地质报告。

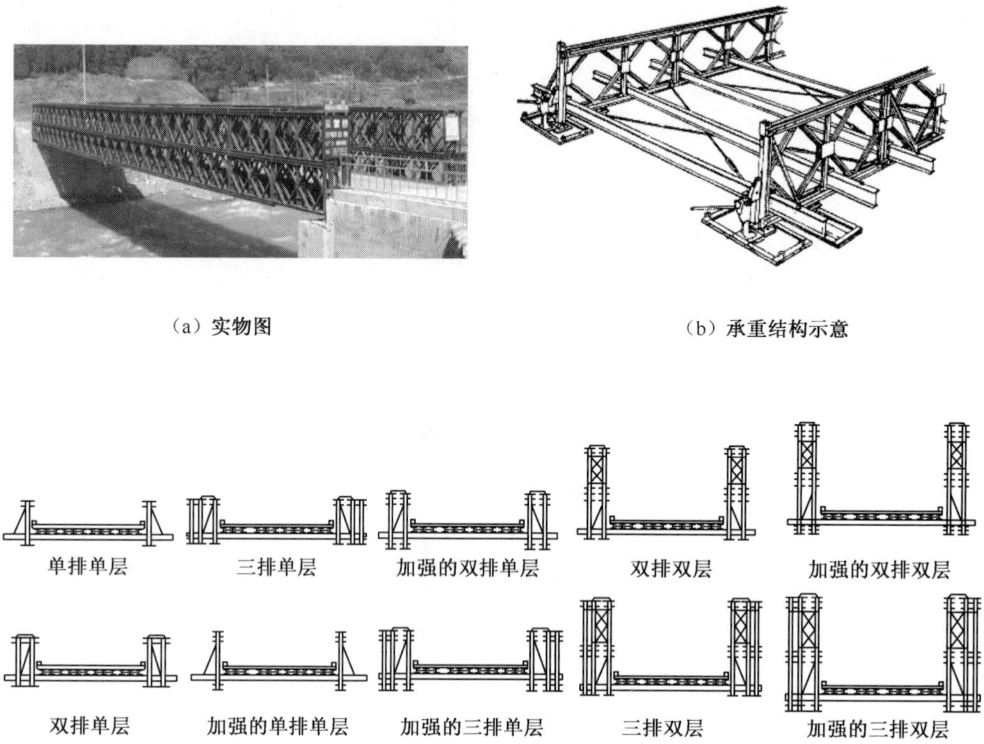

（a）实物图　（b）承重结构示意

（c）横断面示意

图 1-2　下承式便(栈)桥一般构造

3)气象、水文资料。

4)便(栈)桥的功能和修建便(栈)桥的目的。

5)通过便(栈)桥各种机械资料,主要为机械规格、外形尺寸、性能及轮压。

6)通过便(栈)桥其他最大和最重构件尺寸、重量。

(3)施工机械、机动车与行人便(栈)桥宽度应根据现场交通量、机械和车辆的宽度等参数在施工中确定。一般人行便(栈)桥桥宽不小于 0.8 m;手推车便(栈)桥宽度不得小于1.5 m;机动翻斗车便(栈)桥桥宽不得小于 2.5 m;汽车便(栈)桥桥宽不得小于 3.5 m。

(4)便(栈)桥高程主要根据当地最大洪水水位(潮位)考虑,桥下净空应根据计算水位或最高流冰水位加安全高度确定,并保证不会形成流冰、漂浮物阻塞;同时又要考虑施工便道及施工平台高程,并尽量与其保持一致,尽量避免设计纵坡。根据《公路桥涵设计通用规范》(JTG D60—2015)第 3.4.3 条第 3 款的规定,在不通航或无流放木筏河流上及通航河流的不通航桥孔内,桥下净空不应小于表 1-1 的规定。如考虑通航情况时,还需考虑满足桥下船只正常通行。

表 1-1　非通航河流桥下最小净空

桥梁的部位		高出计算水位(m)	高出最高流冰面(m)
梁底	洪水期无大漂流物	0.50	0.75
	洪水期有大漂流物	1.50	—
	有泥石流	1.00	—

便(栈)桥跨度确定应从安全、经济、搭设方便、满足通航、满足泄洪要求等方面考虑。从安全角度考虑必须保证在桥梁设计洪水位以内的各级洪水及流冰、漂浮物等的安全通过。同时,必须设置防撞墩或采取其他有效防撞措施,夜间必须张挂红色警示灯。

(5)便(栈)桥桥墩应优先使用钢管桩搭设,对于有覆盖层的河床,钢管桩的入土深度应能满足承载力要求;对于无覆盖层的河床,采用复合桩基形式,先安放复合桩基护筒,钢护筒随冲击钻跟进 2 m,钢护筒中浇筑混凝土,钢管桩插入钢护筒中的混凝土内,确保复合桩与河床有效锚固。

(6)为防止水流冲刷,宜于桥台上游回填部分钢筋片石笼。

(7)便(栈)桥桥面应具有良好的防滑性能,钢质桥面应设防滑层。

(8)桥长大于 200 m 后应设置避车道,避车道的宽度应不小于 6.5 m,桥面和桥两端一定范围内要设置高度不小于 1.2 m 的防护栏杆及安全立网(图 1-3),并配备一定数量的夜用照明设施、救援设施,施工便(栈)桥两侧桥头在醒目位置应设置车辆的限速牌、限载牌和禁行标志(图 1-4)。

图 1-3　便(栈)桥护栏与安全立网

图 1-4　便(栈)桥警示标志

(9)通过便(栈)桥的电线、电缆必须绝缘良好,并固定在桥的一侧。

(四)施工便(栈)桥的安全搭设

(1)便(栈)桥施工前,应掌握所在的江河湖海的气象信息(包括天气预报),严防在大风(含飓风、台风等)、大雨(含暴雨)、大雾(含浓雾)等不利天气条件下进行便(栈)桥的搭设施工。

(2)在便(栈)桥上采用起重机、打桥机、沉桩机进行沉桩施工时,便(栈)桥应满足自身施工过程的安全,同时防止机械倾覆事故发生。

(3)采用打桩船进行沉桩时,当附近船舶的航行波影响打桩船的稳定时,应暂停沉桩。

(4)桥面高处施工时,严防作业人员不系好安全带的不安全行为,以免造成高处坠落伤害。

(5)水上施工时,严防作业人员不穿好救生衣的不安全行为,以免造成溺水事故。

(6)便(栈)桥搭设完成后应经验收,确认合格并形成文件后,方可使用。

(五)施工栈桥的安全运营

在使用过程中,应随时检查和维护,必要时进行栈桥的观测,对于超长栈桥,还应进行必要的交通管制，保持栈桥的状态完好。

1. 栈桥观测

栈桥所经区域地质结构复杂、气象条件恶劣、水文条件多变时，应加强对栈桥的观测。尤其是跨海大桥的栈桥，海洋环境条件恶劣，台风、潮汛、龙卷风等灾害性天气时有发生，冲刷、沉降、风、潮、流等不确定因素都将对栈桥安全构成直接的影响。

为了更好地校核栈桥的设计参数，由栈桥观测小组根据栈桥观测方案，要求持续不断地对施工和运营中的栈桥进行观测。对栈桥的观测主要内容有：冲刷观测、流速观测、风速观测和沉降观测。详细记录、及时整理原始资料，为栈桥的安全运营提供技术保障。

2. 栈桥交通管制

为满足桥梁工程建设的需要，可由管理领导组、交通执勤组和维修养护组组成栈桥交通管理机构，制定交通管理、人员管理、车辆管理、占用桥面施工管理和用电管理的相关规定并贯彻执行，有效地对栈桥进行交通管制，确保施工栈桥运营过程中的安全和畅通。

3. 栈桥养护维修

应设立栈桥维修养护队伍，配备必要的机械、工具和材料，由专人巡视和养护栈桥的桥面系、梁体（比如贝雷梁）和基础（比如钢管桩结构）。发现栈桥有局部损坏，及时上报并及时维修加固。定期对栈桥进行全方位检查和保养，以确保栈桥的使用安全。

4. 栈桥预警及抢险

在重大灾害天气多发地段，应按照“以人为本，避免伤亡，以防为主，防抗结合”的原则，提前做好各项工作，制订应急预警机制和抢险方案，以便对险情及紧急情况能迅速作出反应，并能采取有效的抢险救助措施。特别强调的是，预警与抢险的指导思想要明确，预警条件与指标要具有可操作性，组织保障要切实可靠，抢险预案要细致周全，抢险可以迅速启动实施。抢险预案主要包括：栈桥通行管理；人员保护；栈桥及设备安全；灾后处理等。

（1）栈桥预警。对栈桥结构进行持续观察，当栈桥相邻桩基础桩顶的不均匀沉降达到3.5 cm或桩基础的局部冲刷深度超过其入土深度的20%时，发出预警。

（2）应急预案。当出现超出“非工作状态标准”的风、浪、流时，应提前撤出栈桥上的人员、车辆，启动应急预案；突发汛潮导致局部冲刷深度超限，启动应急预案；突发性灾害出现（如龙卷风、车辆撞击栏杆、车辆或邻近施工机械起火等），启动应急预案。

（3）栈桥抢险。栈桥预警抢险工作重点在预防，特别对大风、台风、龙卷风和汛期、天文大潮要及早准备。可选择适当时机进行抢险演练，根据气象预报，在灾害天气有可能到来之前的两三天内即进入预警状态，各小组成员要到位，并召开会议，做好人员准备、物资准备、思想准备。

（六）施工便（栈）桥的安全拆除

工程完工后，应根据有关临时征地及排洪要求，将施工便（栈）桥予以拆除。当地村民（居民）要求保留并且符合有关环保、防洪等法规政策要求时可以保留，但要与当地政府签好协议，否则应对河道进行清理。

便（栈）桥上部结构（桥面板、贝雷梁）可采用人工配合履带式起重机进行拆除。在拆除带有桥墩（如钢管桩等）的便（栈）桥前，先做好便（栈）桥未拆段的加固工作，加固经检查合格后方可进行下道工序施工。在拆除钢管桩时，最大的技术难题在于钢管桩拔起，可采用履带式起重机配合液压振动锤进行拔出作业。在拆除过程中，要严防不对未拆段进行必要加固，严防发生机械倾覆事故和机械伤害，严防违章使用履带式起重机进行起吊作业而导致起重伤害。

二、施工临时码头

(1)临时码头位置应选在河流两岸比较开阔，河床比较稳定，水流顺直，地质较好的河段，进入码头的道路应坚固、稳定。

(2)对临时码头应进行施工设计，图纸应经过审查批准，应按设计图纸施工，临时码头应配备相应的安全防护设施。

(3)渡船、拖轮应配有安全设施，按核定其载重或车数、人数装载，严禁超载、超高、超宽运输。遇有上下船舶通过，不得横越强渡。

(4)码头的附属设备，如跳板、船环、柱桩等应牢固可靠。

(5)为临时码头搭设的栈桥必须坚固可靠，两侧人行道、轨道中间应满铺木板或钢板(视施工所需而定)。栈桥临水端应设置靠船的靠帮和系缆设施。通过栈桥的电线、电缆要绝缘良好，并固定在栈桥的一侧。

(6)栈桥码头应有抗洪水、流水及其他漂浮物冲击的能力，应对各种设施经常进行维护。

第四节　施工便道安全技术与风险控制

利用乡村道路作为施工便道时，要与当地政府(与所属行政级别对应，比如乡村道路找村委会)签订协议，加强日常道路维修与养护，保证便道顺畅，待工程完工后按照协议进行补偿或修复，以免造成社会矛盾，引发群体性事件。

本节所述的施工便道，主要指新建临时便道。

一、风险控制策略

施工便道属于临时工程，是公路为维持短期通车而修建的临时线路，一般采用较低的建筑标准，通常在达到预期使用目的后即拆除或废弃。随着公路建设向山区的不断延伸，由于山区既有交通闭塞，所以公路施工时一般都需要修筑施工便道。又由于便道的临时性、低标准、所建山区地质条件复杂等特点，近年来，因便道引发的安全事故时有发生，成为山区公路工程施工中重要的安全隐患。

施工便道风险控制的重点在于：

(1)杜绝因选线不当引发地质灾害。

(2)防止因修建标准偏低导致交通事故。

(3)防止排水、防洪措施不当的不安全行为，以免造成道路冲毁或坍塌。

(4)防止无必要安全标志或安全标志设置错误的不安全状态，以免造成交通事故。

(5)杜绝便道的土石方弃渣未弃置在河道、沟谷的不安全行为，以免引发泥石流灾害和洪水灾害。

(6)在盘山道、“之”字道上同一段内进行便道施工时，严防作业人员上下同时进行开挖土石方作业的不安全行为，以免造成物体打击伤害或埋压事故。

(7)严防施工机械的指挥及操作人员酒后作业或疲劳工作的不安全行为，以免造成机械伤害或交通事故。

(8)陡坡作业时,严防作业人员不系好安全带和安全绳的不安全行为,以免造成高处坠落伤害。

(9)维修便道时,防止施工地段的两端未正确设置安全警告标志的不安全行为,以免造成车辆伤害或交通事故。

(10)防止因便道恢复不到位而引发社会群体性事件。

二、建设标准

1. 宽度

(1)要求便道干线5 m宽,支线3.5 m宽,曲线或地形复杂地段应适当增加。

(2)特殊地段可适当降低宽度要求增加会车台处理,但不得低于干线3.5 m宽,支线2.5 m宽。

(3)在临壑地段,应适当加宽路面,以确保行车安全。

(4)在需要设置会车台的路段按照每200 m设置一处,会车台处路段路面宽度不得小于6 m,路基宽度不小于7 m,长度不小于20 m,且有明显标识。

2. 坡度

纵向:一般情况下不得大于8%,困难条件下不得大于10%,极困难条件下不得大于15%(需根据所配备的各种车辆和大型机械的具体情况来确定)。挖方和低填方路段,应设置不小于0.3%的纵坡(以利于排水)。

横向(路拱):1.5%~2%。

3. 转弯半径

一般情况下不得小于20 m,困难条件下不得小于15 m,极困难条件下不得小于10 m(需根据所配备的各种车辆和大型机械的具体情况来确定)。

4. 路基

新建路基必须经过分层碾压,以满足施工车辆运输要求。对于特殊地段,务必进行换填或加固处理。施工便道边坡坡率不应小于1∶0.5。

5. 路面

施工便道路面最低标准采用泥结碎石或级配碎石(基层应采用不小于20 cm厚的6%石灰土,面层应采用不小于5 cm厚的泥结碎石),在条件允许的情况下,便道面层可采用矿渣铺筑(不小于8 cm);特大桥、搅拌站和预制场与地方路连接段便道路面必须采用20 cm厚C25混凝土硬化。

各场(站、区)、重点工程施工等大型作业区,进出场的便道40 m范围应进行硬化,标准为:C20混凝土、厚度不小于15 cm,并设置碎石或灰土垫层,基础碾压密实。

6. 挡护

靠近沟壑一侧必须修建挡护工程,包括挡土墙(填方段)和防撞墩,防撞墩采用混凝土浇筑,黄黑色油漆竖向标识(黄黑间距25 cm),在挖方段靠近易滑坡体侧要设置上浆砌片石挡护,高度不小于1 m,勾横平竖直的阳缝。

7. 水沟

施工便道应设置必要的排水沟,确保便道路面排水畅通;排水沟根据地形设置,宽度和深度不小于0.5 m,并进行硬化处理,可采用石砌。根据地形每100 m左右将排水沟中水流通过路面下暗沟引至沟壑一侧排走，引入沟壑时注意水土保持，不得冲刷当地农田，暗沟采用埋设混凝土预制管的方法通过路面。

在汇水面积较大的低凹处设置涵洞，以满足排水泄洪要求。

便道经过水沟地段，要埋置钢筋混凝土圆管或设置过水路面，做到排水畅通。

8. 标识

便道全程必须悬挂或立警示、指示标志，标志标识制作要求见国家交通安全标识标准。标识标志包括：转弯警示、急坡警示、落石警示、会车台指示、桥梁指示、整里程标识、分叉路口指示、工地驻地指示、限高、限重、限速标志牌等。

三、安全选址与选线

临时便道选址与选线过程中，应遵循如下原则：

(1)结合地形、地物和现有生活、生产设施，充分利用现有道路，尽量避免对当地居民生活造成困扰。

(2)便道处于傍山时，要注意避免修建便道引发滑坡、坍塌等地质灾害，要注意处理边坡危石，防止滑坡、塌方破坏便道。

(3)遵循施工平面布置，必须满足工程施工机械、材料进场的要求。

(4)便道宜利用永久性道路，新修施工便道应尽可能建在永久用地范围内(不用恢复原貌)。

(5)应尽量避免与既有铁路路线、公路平面交叉。便道干线不宜占用路基，特殊地段必要时可考虑短期占用路基，但应采取短期临时过渡性措施，尽量缓解干扰。

(6)尽量避开洼地和河流，不建便桥或少建施工便桥(风险高、成本高)。

(7)便桥的选址要充分考虑河道的排洪要求，同时尽量的减少桥长为原则。

(8)施工现场的道路应保证畅通，并与现场的存放场、仓库、施工设备等位置相协调，满足施工车辆的行车速度、密度、载重量等要求。

(9)合理保护便道上的古树、大树及珍贵树木，尽量少破坏原生态，将开挖范围内的树木、草根移栽到便道路边或边坡上，并适时在边坡植草、种树。

(10)接到设计文件及线路征地图后，应立即组织相关人员进行征地，调查结构物现场的原地貌，结合现场的整体场地规划进行施工便道选线，并随实施性施工组织设计上报监理工程师，批准后方可实施。

四、安全标志

(1)对施工便道从起点起依序统一编号，设便道标识牌于路口处，标识牌按照 1.0 m×0.8 m尺寸制作，蓝框白底蓝字，标明便道序号、方向(通往××)、陡弯段里程等内容。

(2)路线明显变化处、便道平面交叉处，应设置指路和警告标志。施工便道转弯、临空处、交叉口和出场地入口须埋设高度不低于 0.8 m，间距不大于 10 m 的警示桩。警示桩可采用直径不小于 10 cm 的 PVC 管制作，管内填 C15 混凝土，管外贴红白相间反光膜，警示桩采用 C20 混凝土基础，尺寸为 20 cm×20 cm×30 cm。

(3)便道途经村镇、街道、学校等人口密集区，应设置禁令标志。

(4)易塌方、有滚石等危险路段，应设置道路防护及警告标志。

（5）途经小桥，应设置限载、限宽标志；途经通道，应设置限宽、限高警告标志。在跨越河道便桥，要根据计算的承载力和宽度设置限高、限重、限速标志牌，便桥两侧设置防坠落护栏，其高度符合相关要求。

（6）施工便道宜设置里程桩和百米桩，从起点开始对应主线桩号在便道外侧路肩埋设。

（7）在进入施工便道后的路侧应设置“进入施工现场，请减速慢行”标志，同时应并设限速标志；从干线公路或地方道路等进入施工便道时，应在入口处设置“非施工车辆，禁止驶入”的禁令标志。

（8）便道穿越干线公路或地方道路时应在公安交警和公路路政部门的指导下，按《道路交通标志标线 第2部分：道路交通标志》（GB 5768.2—2009）标准设置警告、禁令、指示等必要的标志和安全设施，确保道路交通安全。

五、安全施工

（1）施工人行道的宽度不得小于1 m，特别困难地段不得小于0.6 m。

（2）陡坡地段运输便道应在陡坡上挖砌台阶。

（3）在“之”字形施工便道转弯处，应设置不小于是1 m×1 m的平台，并按需要设置栏杆和加铺防滑材料。

（4）施工便道的土石方弃渣应妥善处理，不得：侵占正式工程建筑物位置；挤压河道；污染水源；引起流石流泥，甚至引起泥石流；毁坏农田；危及行车安全。

（5）施工便道使用土石方机械时，在半路堑陡坡地段的虚渣作业区，应设置明显的禁止超越标志，并设防护人员指挥机械作业。

（6）盘山道、“之”字道上同一段内严禁上下同时进行开挖土石方作业。

（7）所有施工机械在停机时，应恢复到启动前的安全位置上。推土机的刀片、铲运机的铲斗、挖掘机的挖斗，在工作完毕后应落到地面。非值班司机，不得启动机械。

（8）任何人员不得爬乘挖掘机、铲运机、翻斗车等施工机械。

（9）施工机械的指挥及操作人员不得酒后作业，严禁疲劳工作，必须精力集中，加强瞭望，保证安全。

（10）夜间施工应有照明设施。当照明设施发生故障时，正在作业的机械应停止作业。施工机械的大灯光改为小灯光，并低速靠边行驶。

（11）在陡坡上作业的人员必须系好安全绳。安全绳在使用前必须检查是否拴牢固。

（12）施工人员作业前，应有专人对作业环境的粉尘含量进行检测，严禁在粉尘含量超过2 mg/m^3的环境中工作。

（13）清理路堑边坡孤石或进行刷坡，必须自上而下进行；严禁重叠作业和坡脚站人。

（14）火烤熔化冻土，应有防火措施。

（15）在解冻地区施工必须防止冻土因受热融化发生坍方和冻块坠落伤人、砸坏设备等事故。

（16）各种脚手架、机械塔架等均应设在稳固的地基上，严禁超载。

（17）脚手板上必须有防滑设施，不得使用腐朽、劈裂的木板，并不得出现探头板。

（18）接触灰土的作业人员，应佩戴口罩和手套等防护用品，并在上风口作业。

（19）施工便道靠近既有铁路时，应在靠近铁路一侧设置防护设施，并设置道路出入口栏门。出入口栏门应有专人看守，车辆及大型施工机械进入应实行监护、许可制度，未经许可严禁进入；不施工时应封闭。

(20)施工便道靠近高路堑、深基坑时应设置防护设施及安全警示标志。行人、车辆频繁通过的施工便道交叉路口应悬挂安全警示标志。

(21)临时便道和正式公路交界处应设置安全标志。在施工便道间的交叉口、与铁路的交叉口及渡口处，应设立标志。

(22)在傍山险路处，应将设置的防护石墩刷白。

(23)在过水路面、漫水桥上、积雪严重地段应设置标杆。

(24)施工便道应避免在架空索道及起重设备工作范围内穿越，如因场地限制需穿越时，应有防护设备和安全措施。

(25)冬季施工时，所有道路均应及时清除冰雪和采取防滑措施。

六、安全养护

(1)施工期间应指定专人负责对施工便道(便桥)的日常检查和养护，每个项目部最少要配备一台洒水车以用于晴天洒水，做到雨天不泥泞，晴天少粉尘。

(2)利用地方道路作为施工便道，项目经理部应提前与有关部门签订好协议，待工程完工后按照协议进行补偿或修复。

(3)工程完工后，项目经理部应将施工便道及便桥予以拆除。当地部门要求保留时，要与相关部门签订好协议，否则应予以复耕或对河道进行清理。

(4)及时清理排水沟和涵洞的淤泥、杂物，保证排水通畅。

(5)施工车辆需频繁、大量、集中出入便道而穿越干线公路(或地方道路)时，必须派安全管理人员进行现场指挥，确保道路交通安全。

(6)为保证施工便道的正常使用，各项目部要组织专门的养护队伍，配备必要的机械、工具和材料，对施工便道进行养护，在便道两侧每隔一段距离堆放一定数量的砂砾用于填补坑洼，保证路况完好，确保无坑洼、无落石，排水通畅。

(7)维修施工便道时，应在施工地段的两端设立警告标志。夜间维修便道应设灯光警告标志。用撬棍或十字镐维修施工便道路面必须保持前后左右的安全距离。用架子车等运料机具上下陡坡应有刹车设备，并检查刹车的灵敏度。架子车、手推车上严禁载人。

(8)便道检查要点见表1-2。

表1-2　施工便道检查要点

检查项目	检查内容
标志牌	(1)施工便道便桥设置必要的标志标牌符合规定。 (2)施工便道与建筑物、道路等转角、视线不良地段设置的警示标牌符合规定。 (3)道路危险段设置的警示、指示标牌符合要求。 (4)施工现场(站)区、办公区、生活区等拐弯处标识牌符合要求
便道质量	(1)便道路面表面质量、排水情况。 (2)与国道、省道相接处理。 (3)有无安全隐患。 (4)有无经常堵车路段

续上表

检查项目	检查内容
施工便桥	(1)便桥结构按照实际情况专门设计,其承载负荷满足施工车辆通行的需要。 (2)便桥基础必须落到稳定坚实的基岩上,可采用浆砌片石或混凝土墩台。 (3)便桥高度不低于上年最高洪水位,桥面设栏杆扶手,栏杆颜色标准统一。 (4)便道便桥的养护应符合要求
文明施工	(1)便道便桥设专人养护,定时清扫,定时洒水抑尘。 (2)有条件的工程要求选择混凝土路面,以减少扬尘以及对周边农作物等的影响

七、恢复和移交

(1)路基施工完毕后,如果路面施工单位想继续使用该便道便桥,可由路面、路基施工单位协商租用并签订相关协议,但工程完工后的拆除和复垦仍由路基单位负责。

(2)工程完工后,承包人应将新建便道及便桥予以拆除,如果当地部门要求保留时,须与相关部门签订好协议并向建设单位备案,否则应予以复耕及对河道进行清理。

(3)对利用既有地方道路作为施工便道的,工程完工后应按当初协议对道路进行整修恢复,经原产权单位验收合格后办理移交手续。

第五节 梁场安全技术与风险控制

一、风险控制总体策略

梁场安全管理非常重要,是桥梁施工安全管理当中的重中之重。制梁场一般包括:钢筋加工区、砂石料场、拌和站、制梁台座、存梁台座、生活区。风险分析包括:起吊作业、张拉作业、用电、焊接作业、高空作业、防火等。风险控制的重点为防止机械伤害、火灾、触电、煤气中毒。

二、选址与设计安全

大型桥梁工程施工,一般采用现场施工制作预制梁,经运输和吊装安放到设计位置上,其质量与生产进度直接影响整个工程质量与工期进度。因此,预制梁场的选址与设计的好坏在整个工程中是一项十分重要的工作。

(一)现场预制梁场选址的安全影响因素

1. 地基强度与自然环境

许多大型预制梁因为其重量大,为防止因地基不符合要求而发生梁体存放过程中损坏、搬运过程中发生机械伤害、提梁过程中发生起重事故,应尽量选地形、地质条件较好的地基,以减少土石方基础加固工程的投入。对于达不到标准的地基可以适当进行加固,加固后也不能达到标准或加固投资较大的场地一般不选为预制梁场建设地,需另选合适的场地。在预制梁场选址之前必须实地调查当地的自然条件,以免出现雨季洪涝等突发情况影响正常施工。

2. 与主体工程施工相互干扰的程度

大型桥梁工程建设施工总平面布置时需要将各个施工单元限定在施工场地总平面设计的范围内,并考虑施工区域内各个施工单元的协调问题。现场预制梁场与主体工程施工场地之间,应尽量避免在生产时相互干扰和影响。如因施工现场用地面积的限制,两者之间无法独立运行时，也要通过合理的布置和有效的施工组织减少生产时的相互干扰和影响。

相互干扰越多，不仅影响施工进度，还使得大型施工机械与装备之间可能发生冲突，进而导致安全事故。

3. 利用主体工程施工资源的程度

在预制梁场的选址中，公共设施（供水、供电和供气）的综合利用也是不可忽视的因素。在预制梁生产过程中需要用到一些大型机械设备（如龙门吊），而且为满足施工人员的日常生活所需，电、水等就必须提供。

由于现场预制梁场尽量位于施工区域边缘或施工区域内，为现场预制梁场充分利用主体工程施工的资源创造了条件，如预制梁场的水电系统可以从主体工程施工现场接入。

此时应注意用电安全和用水安全（施工用水应符合相关规范要求，饮用水应达到饮用标准）。

4. 运输因素

大型桥梁工程建设中各个施工单元由于存在大量物料需要运输，比如原材（石料、水泥、钢筋等）、成品混凝土、各种设备等，因此施工场地交通运输量大、强度高。合理安排工程建设施工场地交通运输问题，对于确保工程顺利施工和节约工程费用投资有重要意义。

施工场地运输一般包括：对外交通和对内交通。对外交通是指施工现场与外界之间的交通运输。对内运输主要是指施工场地范围内各个施工单元与主体工程施工场地之间的交通运输。从施工场地选择来看，对外交通对施工场地选择的影响较小。

桥梁施工场地内各施工单元之间的运输量大、运输强度高、地形相对比较复杂，在运输中有时会遇到相当大的困难，因此合理安排运输路线及运输量十分重要。施工场地内的交通运输具有以下特点：

（1）施工场地内运输一般为单向运输，如将骨料运送到混凝土搅拌站，将混凝土运送到施工现场，大型预制梁运送到桥梁工地等，各场地之间的距离一般不应该设置的太远。

（2）施工场地内的运输距离一般来说不长，但某些物料运输中受物料的特点限制，需要在运达目的地之前保证其特性，如混凝土运输中必须保持它在途中不凝结、不离析。

（3）施工场地运输中一般多采用较大吨位的车辆，车型较宽，能满足重大件运输。

预制梁场生产过程中须用到大型设备及大量的钢筋等材料，运输量较大，而且，桥梁预制梁大多重达几吨甚至几十吨，运输极不方便。因此，结合桥梁工程实际情况，预制梁场的选址应有利于大型设备、大宗物资及预制梁的安全运输，以减少运输过程中带来的不安全性。

5. 社会环境

梁场选址应尽可能远离村庄和居民生活区，以免夜间施工干扰居民休息。

（二）预制梁场设计布置的安全影响因素

现场预制梁场是桥梁主体工程施工的一个重要组成部分，预制梁场生产的系统性强，资源的匹配性非常重要，要实现资源利用效率的最佳发挥，减少浪费。

现场预制梁场设计布置方案首先要能够满足主体工程建设对制梁场的要求，这是对设计布置方案进行分析比较的先决条件。根据设计布置原则，预制梁场设计布置时应考虑如下因素：

1. 交通条件

现场预制梁场在生产过程中需要运送大量的原材料、半成品和成品，交通便捷不仅可以提高生产效率，而且可以节约生产成本、保证安全生产。因此，交通条件是设计布置预制梁场的重要因素。交通条件包括以下方面：

(1)对外交通。现场预制梁场生产所需要的各种物资能够顺畅地送往场内相关的功能区，尽量避免或减少二次搬运。

(2)内部交通。按照预制梁的生产工艺要求，相关功能区之间存在材料运送的问题，如混凝土要从混凝土加工区运送到制梁区，加工的钢筋要从钢筋加工区运送到制梁区，成品梁要从制梁区移至存梁区等，场内运输应以运输距离最小为目标。

(3)成品梁起运。对于大型桥梁工程，预制的成品梁往往是大体积、大重量，架梁时需要特殊的运输工具，对场内道路有特殊的要求。首先，特殊运输工具要能够驶入龙门吊下，通过龙门吊将存梁区的预制梁装载到特殊运输工具上；其次，特殊运输工具能够从龙门吊下驶出，将预制梁运往大桥需要架梁处。现场预制梁场设计布置时要充分考虑特殊的运输工具对道路的要求。

2. 工作环境

工作环境是指人们在生产和生活中所处的环境，包括生产安全性、生活条件以及生产的便利程度等。

(1)生产安全性。梁场在生产过程中存在着施工风险，在加强安全生产管理的同时，要在梁场设计布置上杜绝影响安全生产的隐患。如龙门吊下不得设置人行便道等。

蒸汽锅炉房、配电房、易燃易爆等危险源应远离生活和工作区域，在寒冷地区还要考虑冬季施工的保温措施，以减少安全事故隐患。

(2)生活环境条件。劳动者不仅要创造财富还要享受生活。因此，在进行现场预制梁场设计布置时，应尽量使生活区远离混凝土加工区和制梁区，以减少施工噪声和粉尘对人员的影响。

三、大型机械设备安全管理

在梁场，制定大型机械设备管理办法，并根据可能存在的安全隐患和风险编制大型机械设备事故预防措施及应急预案。在龙门吊和搬运机的安装时，均由有安装资质的厂家现场指导安装，拆除时，由厂家派遣技术人员到现场协助拆除，并制定详细的拆除方案。对龙门吊主要检查操作人员是否按安全操作规程进行操作，机体自身机械故障是否已及时排除(提升系统的牢固性、制动系统的稳定性、电路系统的安全性等)，另外做好防颠覆、防溜逸、防侵限的卡控措施的落实。

四、钢筋加工场的安全管理

钢筋加工场的安全隐患主要有：钢筋棚架搭设不牢，场地内用电线路未按“三相五线”制铺设，小型机具未接地处理、未安装防护罩，对焊工人未按要求佩戴防护眼罩、对焊场地未铺设绝缘橡胶皮等，违章使用切割机具，使用切割机进行打磨作业。

特别强调的是，钢筋场的棚架一般都是四面敞开的，对棚架的牢固性要求较高。尤其在北方地区，既要考虑防风要求，也要考虑抗积雪压力的作用。所以钢筋棚架在保证足够的支撑强度的同时还要设置好缆风绳等加固措施。为防止意外，在出现大风和暴雪时应及时停止棚内的一切作业活动，人员不得留在棚内，以防作业棚坍塌造成伤害事故。

五、临时用电安全管理

根据现场施工特点和工期的要求，梁场一般需要使用起重机械、混凝土工程机械、金属加工机械、动力机械、运输机械、预应力设备、试验及测量检测设备等，这些机械和设备的使用都需要电力供应做保障。并且，预制梁生产的一个重要特点，就是混凝土灌注从开始到完成，不能因为任何原因停下来，否则，会导致灌注失败，给企业带来经济损失。因此，确保梁场供电的可靠性和安全性至关重要。

（一）风险控制总体策略

梁场的临时用电管理工作专业技术性强，实施难度较大。影响梁场临时用电安全管理的因素有：用电临时性强，施工环境差；施工现场复杂多变，同时存在上下作业交叉和多工种作业交叉；工人流动频繁，文化素质较低，安全意识薄弱；手持电动工具多等。

总体上来看，梁场的临时用电风险级别高，其风险控制的重点在于：

（1）严防临时用电施工组织设计的编制与实际情况不符的不安全状态，杜绝没有编制临时用电施工组织设计的不安全行为。

（2）严防施工现场的配电线路和配电箱不符合规范要求的不安全状态。

（3）杜绝电缆不符合三相五线制的不安全状态。

（4）杜绝在施工现场使用国家明令禁止和淘汰的电气元件的不安全行为。

（5）杜绝通用门式起重机轨道之间不做电气连接的不安全行为。

（6）严防重要用电设备不进行重复接地的不安全行为，杜绝不测量并记录用电设备接地电阻的不安全行为。

（7）杜绝项目部不配置专职维修电工的不安全行为。

（二）临时用电施工组织设计

临时用电施工组织设计是保障安全用电的首要工作，其宗旨是指导项目部建立一个既能够确保施工用电安全，又能够兼顾施工用电方便的临时用电系统。《施工现场临时用电安全技术规范》（JGJ 46—2005）规定："施工现场临时用电设备在 5 台及以上或设备总容量在 50 kW及以上者，应编制用电组织设计。" 同时又规定："临时用电组织设计及变更时，必须履行'编制、审核、批准'程序，由电气工程技术人员组织编制，经相关部门审核及具有法人资格企业的技术负责人批准后实施。变更用电组织设计时应补充有关图纸资料。" 施工现场的配电设计不符合要求，就不能正确指导电气施工，导致用电不合理，产生严重的安全隐患，危及人员生命和设备的安全。因此，在项目部成立之初，应根据相关规范和规程，结合梁场的设备配置情况，合理地编制临时用电施工组织设计。

梁场的临时用电施工组织设计主要内容包括：现场勘测；负荷计算；选择变压器容量；设计配电系统，包括选择导线或电缆、设计配电装置、选择电器、绘制临时用电工程图纸、接地装置设计等；设计防雷装置；制定安全用电措施；电气防火措施等。若临时用电施工组织设计针对性强，则可指导现场的电气施工和日后的电气维修。临时用电工程应严格按临时用电工程图纸施工，不得随意更改施工方案。

（三）配电线路

1. 配电线路的选择

梁场的临时用电工程必须采用 TN-S 系统（图 1-5），设置专用的保护零线，通过配电箱和开关箱连接电源与用电设备。配电系统应设置总配电箱、分配电箱、开关箱,实行三级配电,即在总配电箱下可设若干分配电箱,分配电箱以下可设若干开关箱,开关箱以下就是用电设备,形成三级配电、两级保护,并做到“一机一闸一漏一箱一锁”。

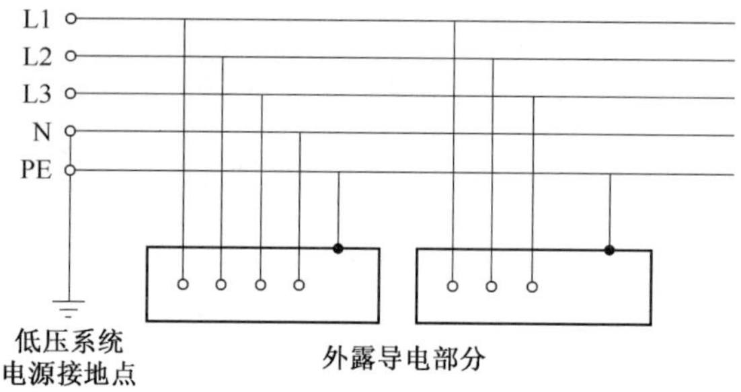

图 1-5　TN-S 系统

梁场的配电室应尽量靠近负荷中心(搅拌站、钢筋加工棚),以减少配电线路的长度、减小导线截面、提高供电质量,同时使配电线路清晰,便于维护。梁场临时用电工程的配电线路从配电室或总配电箱开始敷设。梁场通常分为制梁区、存梁区(后道工序)、钢筋加工区、搅拌站、配件加工区、库房(包括砂石料、配件等)、办公区和生活区等,依据各个区域的配电装置和相对位置,一般采用“放射-树干式”配线形式(图 1-6)和架空或埋地的线路敷设方式。

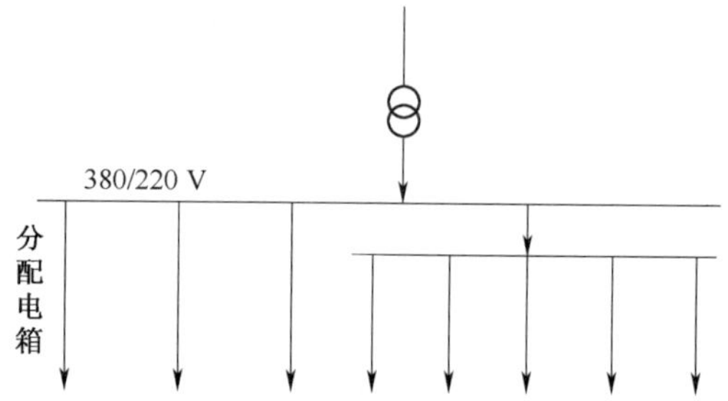

图 1-6　放射-树干式配线形式

2. 配电线路施工要求

在配电线路施工的过程中应注意有无以下不安全状态:

(1)电缆线路拖地、埋设深度较浅。

(2)直埋电缆的上下部未铺以 100 mm 厚的软土或砂层。

(3)埋地电缆地下 0. 2 m 至引出地面 2 m 处未加保护套管。

(4)电缆接头防水性能差。

(5)电缆沿线没有按照相关规定埋设电缆标志桩或做相应的标志。

施工现场的线路敷设应严格按照相关电气施工规范和临时用电组织设计布设,做到电线埋设深度、引出电缆的截面正确,电缆防护设施符合要求,架空线路应选用合格的钢筋混凝土电线杆,且机械强度符合要求,配好绝缘子、横担等配件,导线截面和线路排序正确并符合要求。

3. 零线的处理

梁场临时用电的工作零线(N 线)与保护零线(PE 线)必须严格分开。电气设备正常工作时,如果 N 线与 PE 线错接,会使不带电的外露金属外壳带电,危及设备和操作人员的安全。在零线处理过程中,应特别注意如下不安全行为或不安全状态:

(1)接零接地保护不规范,如电动机、电焊机外壳的保护零线不接地。

(2)手动工具未采用带有接零保护的插头。

(3)保护零线没有引到配电箱和正常工作的电气设备不带电的外露部分。

(4)保护零线未在多处重复接地或重复接地做法不符合要求。

(5)接地电阻没有定期和季节性检查的遥测记录。

(6)保护零线选用的材料和截面不符合要求。

(7)未采用绝缘颜色为绿/黄的双色线。

梁场的保护零线必须严格按照《施工现场临时用电安全技术规范》(JGJ 46—2005)要求设置,以降低施工人员触电的危险。梁场属于高度触电的危险场所,保护零线必须与工作零线分离,工作零线必须通过漏电保护器,保护零线严禁中间断开,严禁通过工作电流和通过任何断路器等开关电器,并且在保护零线的末端及中间应多处重复接地,形成整体接零保护系统。将通用门式起重机的轨道、制梁台座的底模和移梁滑道的钢轨连接为一个整体,接到接零保护系统中,保证每处重复接地电阻值小于10 Ω。保护零线必须采用绝缘导线且绝缘颜色为绿/黄的双色线,截面的选择符合相应规范的要求,配电装置与电器设备连接的保护零线应为截面不小于2.5 mm^2的绝缘多股铜线。

另外,梁场搅拌站的水泥筒仓和锅炉房的烟囱必须安装防雷装置,防雷的引下线可利用水泥筒仓和烟囱的金属结构,确保做好电气连接。按照《施工现场临时用电安全技术规范》(JGJ 46—2005)要求,做防雷接地的机械上的电气设备所连接的PE线必须同时做重复接地,同一台机械电气设备的重复接地和机械防雷接地可共用同一接地体,但接地电阻应符合重复接地电阻值的要求。施工现场内所有的防雷装置的冲击接地电阻值不得大于30 Ω。在搅拌站和锅炉房的电源处,PE线必须做重复接地。

(四)配电箱和开关箱

1. 配电箱和开关箱的要求

配电箱和开关箱具有多种电气保护功能,如过载保护、短路保护、漏电保护和分级保护。分级保护能缩小事故停电的范围,提高供电的可靠性;漏电保护分为二级保护,既具有缩小事故停电范围的功能,又提高了用电的保险系数。

(1)总配电箱、分配电箱、开关箱应装设有透明塑料罩的空气开关作为电源总开关,并将其设置于电源的进线端。

(2)配电箱、开关箱的选择、设置和使用应符合规定,配电箱、开关箱内的电器应可靠、完好,严禁使用国家明令禁止使用的淘汰电器。

(3)各级配电箱的总开关要选用有透明塑料罩、可见明显断开点的断路器。

(4)总配电箱、分配电箱、开关箱应采用冷轧钢板或其他阻燃材料制作,外形结构和功能满足使用要求,能够防雨、防尘。

(5)配电箱和开关箱的箱体尺寸应与箱内电器的数量相适应,不妨碍操作,箱内电器设备能够紧固、规范地安装在金属电器梁或阻燃的绝缘板上。

(6)配电箱和开关箱的进出线的进出口应设在箱体的下底面,进出线必须加绝缘护套并安装牢固,不得与箱体直接接触,金属箱体和金属箱门之间必须用编织软铜线作电气连接。

(7)做好配电箱、开关箱的分路标记。配电箱内分设N线端子板和PE线端子板并做明显标记,N线端子板必须与金属电器安装板绝缘,PE线端子板必须与金属电器安装板做电气连接,确保端子数与进出线数保持一致。

2. 配电箱和开关箱安装

配电箱和开关箱应安装在干燥、通风及常温场所，避免受其他物体的撞击和强烈振动，并留有2人同时工作的空间或通道。配电箱前不得堆放任何妨碍操作、维修的物品。固定配电箱箱体安装要端正、牢固，箱底与地面垂直距离为1.4~1.6 m；移动配电箱应安装在紧固、稳定的支架上，箱底距地面的垂直距离为0.8~1.6 m。分配电箱与开关箱的距离不得超过30 m，开关箱与其控制的固定式用电设备的水平距离不宜超过3 m。

3. 开关和漏电保护器

正确地选用和使用漏电保护器是施工现场安全用电的主要防护措施之一。应选用带透明塑料罩并可见明显的断开点空气开关，将空气开关与漏电保护器串联。

空气开关具有过载保护和短路保护功能，漏电保护器具有漏电保护功能。一般来说，额定漏电动作时间越短越好。规范中规定，开关箱中漏电保护器的额定漏电动作电流不应大于30 mA，额定漏电动作时间不应大于0.1 s。电源至末级负荷漏电保护器额定漏电动作电流和动作时间应按先后顺序合理选配，逐级减少减短，但额定漏电动作电流和漏电动作时间的乘积不应超过30 mA·s；漏电保护器额定电流要与用电设备的额定电流相一致。

一般要求漏电保护器安装在总断路器负荷侧，不能将漏电保护器作为总开关使用。在使用过程中应经常注意检查漏电保护器是否失灵（一般要求每月检查1次），即在合闸通电情况下按动试验按钮，如不动作，应更换新的漏电保护器。安装漏电保护器时，必须严格区分N线和PE线，N线不得在漏电保护器负荷侧重复接地。使用三极四线式和四极四线式漏电保护器时，中性线应接入漏电保护器，经过漏电保护器的中性线不得作为保护线。

重视漏电保护器防患于未然的作用，绝不允许在漏电保护器动作时将漏电保护器短接或拆除的危险操作。

（五）照明管理

在梁场的电气设备中，照明装置与人的接触最为频繁，照明装置的安全使用是施工安全用电的重要组成部分。为了防止发生照明装置的触电伤害，必须采取如下安全技术措施。

（1）配电箱中的所有正常不带电的金属部件、所有灯具的金属外壳必须作保护接零。夜间灌注T（箱）梁时，照明灯的金属支架必须做保护接零。禁止使用木质支架，特别是在雷雨季节。

（2）同一配电箱内的动力和照明应分路配电，照明开关应装设漏电保护器。

（3）照明线路的相线必须经过开关再连接照明装置，不得直接连接。

（4）灯具的安装高度既要符合施工现场实际，又要符合安装要求。室外灯具距地不得低于3 m；室内灯具距地不得低于2 m。

（5）工人宿舍内严禁私拉电线、乱接照明灯具，严禁在床上装设开关。更换灯泡、灯管时，应先断开开关，手要干燥，站在绝缘物体上，不要碰到灯泡、灯管和灯架的金属部分。

（6）工人宿舍内严禁使用电热毯、电炉子，以及采用碘钨灯放在床下的取暖方式。

（六）机械设备用电管理

建立施工机械和设备管理制度，按照制度定期检查、维修和保养现场机械设备。严格遵守设备安全操作规程，机械设备必须按规定作保护接零。制定安全操作规程，并悬挂在机械设备上。梁场最常用和使用最频繁的机械设备是通用门式起重机、电焊机及手持电动工具。

1. 通用门式起重机

通用门式起重机投入生产前,必须经过当地质量技术监督局特种设备监督检验所的检验并取得特种设备检验合格报告。通用门式起重机应由专用馈电线路供电,馈电裸滑线与周围设备应保持安全距离,不能保证馈电线路与其他设备的安全距离,尤其在其处于梯子侧面时,应采取安全防护措施。通用门式起重机的金属结构及所有电气设备的金属外壳、管槽、电缆金属外皮和变压器低压侧,均应有可靠的接地,检修时应保持接地良好。在轨道上工作的通用门式起重机,一般可通过行走轮和轨道接地,轨道之间要做可靠的电气连接,必要时应另设专用接地滑线或采取其他有效措施。通用门式起重机上任何一点及其轨道的接地电阻均不得大于4 Ω。

2. 电焊机

电焊机应设在可防雨、防潮、防晒和通风良好的地方,焊接现场周围不得有易燃、易爆物品,并备有消防用品。焊机的一次侧电源线不应大于5 m,二次侧应采用防水橡胶护套铜芯软电缆,电缆长度不应大于30 m,一、二次侧进线处必须设置防护罩。不得采用管道、机床设备和建筑物金属构架或铁轨代替二次侧进线的地线。焊机的机壳必须做接地保护,接地电阻不大于4 Ω。

3. 手持电动工具

手持电动工具的外壳、手柄、插头、开关、电源线等必须完好无损,使用前必须做绝缘检查和空载检查,使用时操作人员必须按规定穿戴绝缘防护用品。

(七)临时用电安全知识培训和安全管理

(1)加强对施工现场管理人员及现场专职电工的临时用电安全技术规范知识培训,提高其对安全用电的重视程度,坚持安全用电原则,定期针对施工现场的临时用电进行安全专项检查。管理人员应掌握电工基础知识,现场专职电工要熟悉安全用电的规范、规程,掌握电工安全操作规程。

(2)坚决执行“先培训、后上岗”制度,建立职工入场安全培训制度,对进场的每位员工进行安全教育,增强员工的安全意识和责任。树立施工现场是属于高度触电的危险场所的意识,认识到临时用电的使用和维护应由专职电工负责,其他人员不能随意操作、乱拉乱接。加强机械使用人员对安全操作规程的学习。针对施工现场临时用电安全,进行专项安全技术交底。

(3)制定安全用电事故专项应急预案,预案的针对性和可操作性要强,兼职救护人员要熟练掌握触电急救的方法,以便正确处理触电事故,减轻人员的伤害程度,争取抢救时间。定期演练事故应急救援预案。

(4)建立和完善施工及生活安全用电管理制度,定期组织项目部相关部门开展现场临时用电季节性和专项安全检查。安全检查不流于形式、不走过场,对检查出的安全隐患要确定整改责任人、整改措施和整改完成时间,对整改完成情况应进行复查验收,保证整改落实到位,彻底消除安全隐患。

(5)施工现场安全用电要从用电施工组织设计、管理人员、电工和电气设备操作人员、电气设备、日常安全检查的管理和事故处理等方面入手。加强对施工现场临时用电的安全管理,加强对设备的检查与维修。配备合格的专职电工和经过培训合格的电气设备操作人员,特种作业人员必须严格实行持证上岗制度。针对预制梁场所处的地理环境、天气特点等,制定施工现场临时用电的安全技术交底,安全技术交底要有针对性。制定施工现场临时用电安全管理制度,并认真做好安全检查、设备维修、电气装置的检测、检修记录。

六、防火防爆安全管理

钢筋场内的消防危险源和爆炸危险源主要是氧气、乙炔瓶,因为钢筋场内的焊渣、切割作业、对焊作业、钢筋对撞产生的火星等都是极具危险的火源,而氧气瓶是高压罐体,乙炔是易燃气体,这都要求钢筋场内严格管理氧气乙炔瓶,避免意外事故的发生。

七、小型机具的安全管理

钢筋场内的切割机、钢筋截断机、钢筋调直机等小型机具都存在极大的危险性,除对每一种小型机具的安全操作规程进行标示外,还需教会作业人员正确的使用方法和注意事项,并列举相应的危险因素、防护措施及应急措施。

必须按要求设置好防护罩、漏电保护等安全防护措施,同时必须保证钢筋场内小型机具附件清洁,以免生产垃圾掩盖或带来安全隐患,造成安全事故。

八、搅拌站的安全管理

搅拌站存在的安全隐患有:机械伤害、料仓墙体坍塌、场内车辆伤害、罐体倾覆、雷击事故、煤气中毒等。具体参见第六节水泥混凝土搅拌站安全技术与风险控制的相关内容。

九、活动板房的消防注意事项

因为活动板房的施工周期短、装拆方便、建造成本低廉等特点,现在的梁场生活区一般都采用活动板房搭设。但活动板房的消防隐患较大(一些有防火功能的除外),同时由于野外作业、生活的特性也会增加消防隐患,如施工人员困乏后吸烟、在板房内使用大功率电器等。所以,梁场生活区的消防管理成了很重要的一个环节,必须做好该项工作。

第六节　水泥混凝土搅拌站安全技术与风险控制

一、风险控制策略

水泥混凝土是公路桥涵建设中非常重要的建筑材料,而混凝土搅拌站作为对混凝土拌和物进行生产的设备,是保证公路施工企业将公路施工工程顺利完成的关键。

水泥混凝土搅拌站的风险级别较高,其风险控制的重点在于:选购搅拌站设备时,须确保其质量符合要求以防发生各种故障、事故;搅拌站的电气系统须符合绝缘性、耐电压、电阻等相关要求;搅拌站的结构须符合各项安全规定以防止发生高处坠落伤害、物体打击伤害;控制系统、搅拌机、提升斗、带式输送机等应进行安全性设计以防发生触电伤害、物体打击伤害、高处坠落伤害、机械伤害等;拌和站修建时,防止地基处理措施不当或基础不牢而造成不均匀沉降导致设备损坏;拌和设备安装时严防发生起重事故、机械伤害、高处坠落伤害;搅拌站使用过程中,严防作业人员在机械运转中进行维修、保养、润滑、紧固等作业而发生机械伤害。

二、设备选购安全策略

企业采购设备时要严格执行索证索票制度,向制造商或经销商索取其制造资质证明并应通过网上或其他方式确认，同时制造资质证明在有效期之内。对购进的每台或每批次产品，应索取有效的质量合格证书，并归档保存。在商品混凝土搅拌站发货文件档案中，都应保存这些重要部件的质量合格证书及说明书等资料。质量检验及相关部门的主要管理人员，应搜集到国家制造许可管理部门发布的有效的产品目录，进行仔细核对，确保本部门采购或使用的制造许可证管理的产品不是假冒伪劣产品。特别注意：获得强制认证或某种产品的制造许可证的企业，并不是所有的品种规格都能取得制造许可，选购时应逐一进行落实。

1. 选用实行"计量仪器制造许可证"管理的产品

计量仪器制造企业必须获得省级计量管理部门颁发的相应规格的"计量仪器制造许可证"，并在有效期之内。企业的采购及质检部门要确定合格的供方，并进行有效的质量控制，如压缩空气容器上的压力表、主机生产企业采购（或自制）商品混凝土搅拌站电气控制台、骨料（砂子、石子）秤、水泥秤、液体或粉状外加剂秤等计量仪器。

2. 选用实行"3C 认证（国家强制认证）"管理的产品

此类产品生产企业必须获得国家认证认可管理监督委员会发放的制造许可证书。如采购的额定电压 450/750 V 及以下绝缘电线电缆，电路开关，工业插头、插座、耦合器，低压电器，三相电泵，小功率电动机（≤1.1 kW）等，其生产企业必须获得相应产品规格的"3C 认证"证书。

3. 选用实行"特种设备制造许可证管理"的产品

采购的压力容器如搅拌站压缩空气系统用压力容器（储气罐）[最高工作压力大于或等于 0.1 MPa（表压），且压力与容积的乘积大于或者等于 2.5 MPa·L 的气体（按《特种设备安全监察条例》的规定）]、安全阀等的生产企业必须获得"特种设备生产许可证"。

4. 选用实行"工业产品生产许可证管理"的产品

应详细了解所采购的材料或设备部件的产品标准，如空气压缩机、液体外加剂供给用磁力驱动离心泵、井用潜水泵、带式输送机、钢丝绳、普通电线电缆、电焊条、铝合金及塑钢门窗的生产企业，都应具备生产资质（即有经国家技术监督部门颁发的生产许可证）。

5. 重要部件的使用管理

属于计量仪器及特种设备管理的部件，要按质量手册或程序文件的规定，由分管人员登记造册，必须保证按规定周期向当地技术监督部门的计量所和特检所申请，对计量仪器和特种设备进行检定，检定合格证要登记归档保存。

各配件的说明书应有详细的安全要求，各重要部件配有吊装示意图，包括吊装部位（产品对应部位有吊装标志符号），基本部件的质量、重心位置和吊装方法；控制室内配挂灭火器；对使用含有酸、碱等的胶凝剂、外加剂，其结构部位应有防护措施和防止外泄的装置等。

三、电气系统的安全要求

1. 紧急断电开关的设置

控制台应设紧急断电开关，在紧急情况下应能切断总电源，紧急断电开关不能自动复位。

2. 检修盖与启闭电源应有联锁装置

国家有关标准规定，强制式搅拌机的检修盖与启闭电源应有联锁装置，当检修盖打开时应切断电源，配套主机应不能启动。若新出厂的搅拌机因检修盖与主机启闭电源无联锁装置而引起事故，制造企业将会被追究法律责任。

3. 电气系统绝缘强度要求

大于 1.1 kW 的三相异步电动机按 JB/T 10391—2008 的要求执行；小功率（≤1.1 kW）三相异步电动机须符合相关标准有关规定。其检验内容包括电动机、供电线路、控制线路的耐压试验和绝缘电阻检验。

4. 耐电压试验

电动机定子绕组应能承受试验电压为 1 760 V、历时 1 min 的耐电压试验，漏电流应按仪器使用说明书的要求；电气设备的所有电路导线和保护接地电路之间应能经受（1 000 V）至少 1 s 时间的耐压试验。

5. 电动机绕组的绝缘电阻

小功率（≤1.1 kW）的三相异步电动机的绝缘电阻，在常态下不低于 20 MΩ，在热态下不低于 1 MΩ；功率>1.1 kW 的三相异步电动机，在热态下的绝缘电阻应不低于 0.38 MΩ。

6. 电动机定子绕组的温升

电动机定子绕组的温升保持在绝缘等级的限值内。对功率大于 1.1 kW 电动机的定子绕组的温升（电阻法）常用的 B 级绝缘，三相异步电动机定子绕组的温升限值为 90K；E 级绝缘，温升限值为 80K。小型电动机（功率≤1.1 kW）定子绕组的温升，按对应的绝缘等级而确定：常用的 B 级绝缘等级时为 80K，E 级绝缘等级时为 75K。

7. 搅拌站整机安装后的接地电阻检验

设置专用接地网，并与楼体有可靠的电气连接，接地电阻不大于 10 Ω；计算机应另设独立的接地网，接地电阻不大于 4 Ω，接地网之间的距离应不大于 10 m。

此外，搅拌站的防雷击措施应符合国家有关标准的规定；露天工作的电气设备应装设防雨罩等；导线的两端应采用不会脱落的冷压铜端头，导线与端头的连接必须采用专用的冷压钳将其压紧；导线的两端应有与电路图或接线图一致的永久性识别标志；配线技术、动力电路及控制电路的过电流保护、功率大于 0.5 kW 以上的电动机的过载保护应符合有关规定。

8. 导线和电缆的电压降

在正常工作状态下，从电源端到负载的电压降不应超过额定电压的 5%，这就要求设计选用合适的电缆，满足正常工作时的载流容量。在施工现场，往往发生因距离增大，电缆选择不当，引起电压降过大而不能启动的情况。

四、结构的安全要求

混凝土搅拌站相关标准规定作业平台、给料、骨料仓、水泥仓等凡涉及人身安全的部位均应设置安全防护措施。钢结构件应按国家有关标准的规定进行设计、生产和检验。斜梯扶手高度不应低于 1.05 m，扶手间宽度不应小于 600 mm；高于地面 2 m 以上的直立梯（如水泥仓等）应设护圈（直径）600 mm，间距为（700±50）mm；平台和走台宽度应不小于 500 mm，边缘应设置不小于 50～100 mm 高度的踢脚板，防止工具、金属等物料从走台踏板的间隙向下掉出而引起人身伤亡事故。

五、设备的安全性设计

（一）控制系统整体设计上的安全性设计

1. 控制电源的安全性设计

经常会遇到控制台上控制电压分别有 380 V、220 V、110 V，还有交直流 24 V、12 V、5 V

等，在一个控制台上有这么多种类的控制电压，似乎考虑很周到，很合理，但给使用者带来了麻烦，也隐藏了不安全因素。如修理时，修理工常常因为在应急修理时碰到高压部件酿成触电事故；而且如果元件坏了，修理配件供应既困难又麻烦，例如同种元件使用不同的电源的现象就很普遍，像常用的电磁阀，同一个系统有的用 220 V，有的用 24 V，维修时常会因为换错而产生新的设备故障。

一般控制电源的设计要从两个方面来考虑：安全性和抗干扰。常用的电源有交流 220 V 和直流 24 V。如果工人在现场需要接触到的电器应使用 24 V，如操作面板上的按钮、指示灯，现场的电磁阀、安全开关等。而交流 220 V 则主要是用于交流接触器，并且应通过 380/220 V 的隔离变压器取得的，这种设计除了配件供应方便外，最主要的有以下两个好处：

(1)安全性。公共点只要不和零线连接，一般来讲对于修理工在修理时是比较安全的。

(2)在总线路上发生故障，三相严重不平衡时，220 V 控制电压变化不致于太大。如果直接取相线和零线的 220 V，常常会由于线路三相不平衡造成控制电压波动比较大，容易损坏控制元件。

控制电源应严格区分公共点。对于零线、隔离变压器的 220 V 的公共点、直流 24 V 的公共点是不允许连接起来的，以确保安全电压更安全。

设计时还应注意同种元件最好使用同种类型电源，这样对使用者来说既方便又安全。

2. 控制流程的安全性设计

控制流程的安全性设计就是将每一个环节的控制都与上下环节的控制联系起来。例如向搅拌机内投料前，首先要确认搅拌机是否开启，搅拌机门是否关好，搅拌机中的熟料是否卸空，所有该配的料是否已配好，系统只要有一个条件不符合或没完成，就必须停止下一步的工作，并进行提示，重大的问题还要报警。这样做避免了误操作和误动作，大大降低了事故率，提高了生产效率。

3. 软件、硬件自锁互锁的安全性设计

实际中由于搅拌站的生产环境差，常会有故障、干扰因素等影响计算机程序的正常运行，最常见的是计算机死机，秤斗里的材料溢出来还在秤料，实际上是计算机已不参与控制了。

控制系统在软件设计上有了完整的安全设计后还必须在硬件上进行保护，而且是硬件保护优先。例如水泥秤斗门没有关好是决不允许秤料的，但是若有干扰或误动作启动了水泥螺旋机，后果就很难设想，而如果加上秤斗门限位的硬件互锁保护，那么即使发生误动作也不至于秤斗门没关好就启动螺旋机。对于上述计算机死机问题，只要利用电子秤仪表上的最高秤量保护就能解决。由于气压、温度、粉尘、振动等因素都会影响自动控制系统的稳定性和可靠性，所以软件保护和硬件保护结合起来自动控制系统才能更可靠更安全。

4. 软硬件互补控制方式的安全性设计

有些搅拌站的自控系统中，凡是能在软件里实现的功能就不再配套硬件了。但是在实际使用中就给使用者带来诸多不安全的隐患和不方便。例如最常见的做法是不用秤量仪表，把传感器的信号通过放大器直接给计算机，而计算机仅对输入的信号取个零点基数，再设定一个放大倍数就好了，似乎既省钱又省事，调试也简单。但是，若计算机发生故障，就只能全线停产，而计算机又不能马上恢复，势必会造成损失。

(二)搅拌机控制的安全性设计

1. 人身安全保护

很多事故都发生在清理维护或修理搅拌机时，一般的搅拌机都有搅拌机机盖限位，只要一掀开机盖,就切断控制电路,这是简单的保护。但是如果人在搅拌机里清理一旦不知什么原因合上了机盖,就很危险。还有由于搅拌机在工作过程中振动较大,往往机盖保护开关容易接触不良,在生产时关断搅拌机,为了继续生产,就把保护开关临时短接,此时就形成了极大的安全隐患。为了消除上述安全隐患,下面介绍几种方法供参考。

(1)在搅拌机旁增加1只带钥匙的急停开关,一旦维修人员需要进入搅拌机工作,先把开关停止,再把钥匙拔掉,并由进入搅拌机人员保管。

(2)将机盖保护开关换成可靠的接近开关,并加大接触面,使振动不致于停止搅拌机。

(3)在操作台上增加一把专门控制搅拌机的钥匙开关,若需修理,由修理人员关断并把钥匙拔下,钥匙由修理人员保管。

建议将以上几种方法结合起来,效果更好。

2. 设备安全保护

一般在搅拌机控制上,采用了三个保护:过流保护、过载保护和过热保护。其中过流、过载保护都在使用,但是有些设计者不大注意过热保护,实际上这种保护措施很有效。对于电机在短时间内过载,电流快速上升的情况,过流、过载保护开关在短时间内就会切断电源,可是如果负载是慢慢增加的情况,过流、过载保护就很难及时反应了。

烧坏电机往往发生在两种情况下:一是堵料后,频繁强行启动搅拌机;二是在中间斗有泄漏时,搅拌机里有一拌料正拌着,中间斗慢慢把下一拌的材料加到搅拌机里,待搅拌机拌不动时,电机就烧毁了。现场分析表明故障往往就是中间斗关门限位失灵所致。这种情况下热敏保护确实能在电机缓慢过载时及时切断电源进行保护。

(三)提升斗控制的安全性设计

提升斗式搅拌站有占地面积少、安装灵活、移动方便等优点,很受用户欢迎。但是这种搅拌站对提升斗的故障要加以重视。在设计自动控制系统时要注意以下几个方面。

(1)栅门开关很关键,一旦有人进入危险区修理,提升斗就不能动作,必须待维修人员离开后关上栅门,还要按下复位按钮,提升斗才能进行工作。其电路设计上要求只要栅栏门一打开,电路里的安全保护装置就开始工作,即使切断现场所有电源,再送电也无法启动提升斗,必须人为复位才能工作。这样做能可靠地避免事故的发生。

(2)在提升斗的上部和下部都装有带钥匙的急停按钮,按下开关,没有钥匙就不能工作。

(3)松绳开关。这一开关有三项基本安全保护作用。一是提升斗到底后不是马上停止,而是要延时一段时间待绳松后才真正停止。这种功能对于把提升斗作为计量秤的形式使用更实用,否则就会经常出现计量不准的现象。二是当到底限位失灵时,绳一松就能马上停止,避免钢丝绳反卷又把提升斗反卷上去,这是很危险的,往往会把钢丝绳拉断,导致提升斗砸下来,或把轨道拉坏等事故。三是修理时,把保险杆插上后,不致于误操作发生事故。

(4)提升斗冲顶保护开关也是一个很关键的安全保护装置,应该用两只冲顶开关串联使用,轨道的一边一个,若发生提升斗倾斜时也能起到保护作用。

(5)电机热敏保护开关是不可缺少的,特别在野外作业时,高温季节就能更好地保护电动机。

(6)相序保护开关,这种保护开关有三大安全保护作用:

1)移动式搅拌站移动时不会由于进线相序不正确而发生事故。

2)这种开关对缺相很敏感,一旦缺相就立即切断电源,从而可防止在缺相时烧毁电动机,特别是缺相的是刹车装置的电源时,这时若提升斗下降,很容易烧坏刹车装置而导致提升斗砸下来的事故。

3)电压过高或过低时也能起到保护作用。

除此以外,提升用卷扬机构卷筒节径(卷筒外径+钢丝绳直径)不应小于所缠绕钢丝绳直径的19倍;卷扬机的绳卡压板(马鞍形)应在钢丝绳长头一边(即U形螺栓在短绳头一边,不能交错安装),绳卡间距不应小于钢丝绳直径的6倍,数量应按检验规程的要求(3~6个)。

(四)带式输送机控制系统的安全性设计

搅拌站常发生输送机上轧伤工人手脚的事故,也有皮带跑偏、打滑等故障损坏皮带。为避免这些事故,在设计自动控制系统时应重视以下几个方面。

(1)防跑偏拉绳开关。在输送机周围有一个由拉绳包围起来的防跑偏拉绳开关,一旦发生跑偏,碰到拉绳或人为紧急拉动拉绳开关,输送机就会立即停止。

(2)带钥匙的急停开关应装在输送机附近,发生情况可以立即停止。

(3)警铃按钮,在工作前操作员必须按动警铃开关才能启动带式输送机。

(4)斜带和平带互锁,平带和中间斗关门限位互锁,斜带不工作或中间斗门未关好,平带就启动不了。这种有效的互锁是保证生产正常稳定的必要条件。

(5)热敏、过流、过载保护、止逆装置以及结合机械防护方面的常规保护。

(五)生产过程中的安全性设计

在生产过程中每个环节的机械执行机构都在自动控制系统的控制下有序地工作,但是由于搅拌站环境中的粉尘、泥浆、噪声、振动、温度、湿度等都会导致某个环节的执行机构发生故障,常见的有中间斗重复进料,搅拌机重复进料,坍落度失控等。而这些故障有些是在控制系统设计时加以重视就能避免的故障。

1. 防止中间斗(过渡料仓)重复上料的安全性设计

对于这种故障常用的安全性设计有三种:

(1)重量判断法。在中间斗一侧装一个称重传感器,通过调节称重仪表的零区重量来确定是否允许向中间斗送料。这种方式优点是直观、可靠,缺点是代价高,时间长了会失控,由于只装1个传感器,另一边是活动的,若发生移位、锈蚀,传感器的损坏都会造成重量控制不准,因此对这种保护方式要经常检查和校正。

(2)监视器加关门限位控制方式。其优点是简单易行;缺点是操作人员容易疲劳分心。下雨天或在使用黏性材料时,若不注意就会发生故障。

(3)逻辑判断法。在中间斗门上装两个限位,开门限位和关门限位,在逻辑上开门后一定时间内是不允许进料的,开门时间过后关上门才允许进料。其优点是简单可靠,缺点是要根据天气状况和材料黏度情况及时调整开门时间。

2. 防止向搅拌机内重复投料的安全性设计

搅拌机在向搅拌车卸料不畅时经常会导致下一拌材料进入搅拌机,形成搅拌机堵料现象。防止这种故障出现一般有三种方式可供选择:

(1)在搅拌机底座上安装四个称重传感器,从重量上来控制搅拌机的进料量。

(2)在搅拌机电路中增加有可调控制点的电流控制器,通过调整电流的大小来控制是否向搅拌机内投料。

(3)用逻辑控制方法来进行控制。

第一种方法投资大，而且由于搅拌机振动较大，传感器容易损坏，一般很少使用；第二种方法在进口的搅拌站中经常使用，优点是控制容易，缺点是容易造成误动作，因为影响拌机空载电流的因素比较多，例如保养、黏料、混凝土抱轴等问题都会影响搅拌机的空载电流，因此一般都把空载电流调得稍高一些；第三种方法简单易行，也比较可靠，逻辑控制主要是第一拌材料进搅拌机后就禁止下一拌材料的投料，一定要在搅拌机开足大门延时若干秒后再关好门才允许投下一拌材料，而且控制面板上也有搅拌机中有料的指示灯。

3. 防止坍落度失控的安全性设计

坍落度是商品混凝土的一个重要指标，保证坍落度最好的办法是全部使用干燥过的砂石料，但这种工艺成本非常高。一般搅拌站均采用按水灰比和砂石含水率的大小来进行调整得到合格的坍落度。一般计算机都有按砂石含水率自动调整砂、石、水的用量，同时还可选用下列方式来辅助控制坍落度。

(1)最简单的方法就是安装一个数字电流表，根据搅拌机的工作电流来大致判断混凝土的坍落度。有的搅拌站把搅拌机电流的信号输入到计算机里，通过计算得出坍落度的大致曲线，从而在显示屏上显示出来。

(2)使用功率表显示搅拌机出力功率的大小。

(3)使用微波含水率测定仪，通过测定仪测出的动态数值来判断混凝土的坍落度。

以上三种方法，第一种简单，但误差大，主要是凭经验，用得较普遍；第二种方法比第一种方法要好一些；第三种方法投资比较大，同时需要经常标定。

六、搅拌站基础设计与施工安全

参考起重机械标准的要求，搅拌站地面许用压应力一般取 0.2~0.3 MPa，混凝土基础强度按《建筑地基基础设计规范》(GB 50007—2011)标准进行计算。混凝土基础的设计应由具有建筑资质的设计人员根据当地的地质勘探或实际现场了解的真实情况进行设计或确认，一般使用 C30 混凝土。混凝土基础的设计、完工验收质量证明材料都应由主管部门归档保存。同时，安装部件的垂直度也有相应的标准，如水泥仓，轴线对地面的垂直度应不大于 1/1 000(中心线偏差与高度的比值)，从而达到台风、地震等自然灾害侵袭时抗倾翻的能力。安装时应采用经纬仪进行测量，以便及时调整。

七、设备安装安全技术

1. 成品料带式输送机安装

将成品料带式输送机从折弯处展开，将后框架放在其基础上，连接好前后框架，再将前、后支腿与输送机连接好，斜撑与机架上的吊耳连接好，然后将输送机前部吊起，连接好前后支腿与斜撑，最后将前后支腿的地脚螺栓紧固。

2. 搅拌主机与粉料配料系统安装

吊起主机机架，将其放在基础上，再将其地脚螺栓紧固。

3. 成品料储料斗安装

将成品料储料斗吊起，将支腿立起，再将走台、梯子与成品料储料斗连接好。

4. 粒料配料系统安装

吊起粒料配料系统放在其基础上，将插板连接好，将两侧加高板收起与插板连接好，再将原集料输送机展开,将前、后机架连接好,使电动滚筒对准搅拌机头罩孔中心,最后将地脚螺栓紧固。

5. 水泥仓安装

将水泥仓各部件在地面逐一装配好,吊起水泥仓,并将下仓体支架少横撑一侧朝向粉料配料系统,固定好上下仓体,最后固定好地脚螺栓。

安装水泥仓时,应注意以下事项:

(1)安装的过程中,要注意不能让仓体倾斜、支腿变形。

(2)要做好防风、防雷工作,以确保水泥仓的安全。

(3)支腿底部与基础预埋件一定要牢固地焊接在一起。

(4)基础必须牢固,符合建筑设计规范。

(5)严禁强力撞击水泥仓的支腿及仓体。

(6)要定期检查并清理除尘器布袋附着的水泥。

(7)为了防止水泥罐仓爆仓事故的发生,需要堵死布袋,堵死布袋仓内压力超过仓顶压力安全阀的安全压力,压力安全阀即可打开释放仓内压力。

(8)当水泥仓工作时,必须由专用吊机将其立起,然后放到预先预制好的混凝土基础之上,并检查水泥仓立起以后与水平面的垂直度,然后将其底部与基础预埋件焊接牢固。

6. 螺旋输送机安装

吊起螺旋输送机,将螺旋输送机球铰与水泥仓出料口连接好,使出料口对正粉料斗进料口,然后用钢丝绳将输送机与水泥仓吊耳连接好,最后将地脚螺栓固定好。

7. 水泵安装

吊起水泵放在合适的位置上,连接好输出水管。

8. 空压机安装

将空压机放在成品料斗一侧,用气管将空压机出口与气控箱进口连接好,将气控箱出口引向水泥仓破拱的气管连接好。

9. 缆风绳安装

缆风绳应在架体四角有横向缀板的同一水平面上对称设置。缆风绳的一端应固定在架体上,固定缆风绳部位的架体焊缝应进行探伤检查。缆风绳的另一端应固定在地锚上,不得随意拉结在树上、墙上、门窗框上或脚手架上。

10. 设备调试

(1)调试前整理调入的设备资料:包括操作手册、生产工艺说明、系统组成说明、原器件说明书、电路原理图、控制程序等。

(2)机械整体检查:安装正确,转动无阻碍,润滑油料及冷却完备。

(3)电气整体检查:所有接地完备并符合要求;所有电机三相电阻平衡,电压符合要求。

(4)分部调试。调试先从电力拖动部分开始,由易到难分部进行,每一部分调试前必须再次检查机械和电路是否正确,同时必须有人监督协助,统一指挥;调试时,注意观察各机构工作状况,保证设备启动性能良好、运转平稳、温升正常、仪表显示准确,无漏油、漏水等现象;调试人员清楚生产工艺、系统设计组成原理、元器件特性和参数、电路组合原理、控制程序等。综合分析判断运行状况或故障原因;计量部分调试后请相关计量鉴定部门检验,检验合格证书抄送工程监理部门。

(5)整机运转和试生产。在各部分调试完好后,进行整机运转和试生产,检查各部分是否达到要求,同时必须分析各系统和薄弱环节或缺陷,以备操作和维护时加以注意。

11. 验收

搅拌站安装完成后,由项目经理组织有关人员进行检查验收,经验收合格后,填写施工现场机械设备验收报审表,并提供以下材料:

(1)产品生产许可证和出厂合格证。

(2)产品使用说明书、有关图纸及技术资料。

(3)产品的有关技术标准规范。

(4)企业自检验收表报当地建筑施工安全监督站,待安全监督站检查、验收合格签发验收合格准用证后方可进行使用。

八、设备使用过程中的安全技术

(1)搅拌机等机械旁应设置机械操作规程牌。禁止在机械运转中进行维修、保养、润滑、紧固等作业,禁止将手、脚放在闸门、搅拌鼓、螺旋管等附近。搅拌站工作时,禁止人员在储料区内、提升斗下作业活动。

(2)电气控制柜必须由技术好的专职电工保管,其他人员不得擅自打开电气柜。

(3)确保提升斗和拉铲的钢丝绳安装、卷筒缠绕正确。限位开关应调整正确、安全可靠。确保提升斗的保险销可靠,如有人在提升斗下工作时,必须将提升斗用保险销锁住。

(4)发现钢绳绳磨损和腐蚀,直径减少10%及以上时,必须报相关技术人员处理。

(5)发生机械故障时,必须及时停止作业,并报相关人员予以维修。

九、设备拆除安全技术

设备拆除前,应及时清空配料器、粉料罐及成品料仓中的余料,对整机进行全面清理,清除场地内的废料和杂物,然后按拆除方案进行拆机。实施过程中应由有经验的技术人员统一指挥,协调控制拆机秩序和进度。

1. 整机检查和记录

准备工作完成后,收集整理好设备在生产过程中的使用记录(包括配置上存在缺陷、设备存在的问题等)和设备需要改进的设计建议。对照历史记录,仔细检查拆机前各总成的情况,做好记录,会同仓管人员和机械操作人员共同清点设备所有工具的安全防护用品是否齐备,并做好记录,随设备移交。

2. 精密仪器

贵重易损小部件,如计算机、流量传感器等,做好物件的保管和物品清单的填制,提前集中运走,以防被盗。

3. 电缆拆卸

(1)拆卸电缆时做好标记和记录,用防潮物品包扎好线头。

(2)拆卸电缆时,查清线路有无更改部位,并做好记录,以备下次安装时用,同时减少电机正反转的调试工作。

(3)电机接线全部做好标记,这样下次装线时只需要按原来接线位置连接,如条件允许,可只拆控制室一端的电缆,另一端缠绕在电缆盘上,再将电缆盘直接绑扎在机械上。

(4)拆线后,所有电机和接线箱用薄膜包扎,严防进水。

4. 机械拆解

(1)清理拌和站场地→拆除拌和站内所有用电连接→拆除水泥输送泵→拆除搅拌机及支腿→拆除水泥罐→拆除控制室→人工拆除小件零件和设备→清理现场。

(2)拌和设备从停用到拆卸前,应对设备进行正常的恢复性保养维修和更换磨损件。

5. 运输转场

(1)对运输进行检查,各部件装车时,派专人跟踪装车情况,严防压坏部件,做好详细记录,填好随车发货清单。

(2)各部件运到后,按实施方案,组织熟悉设备安装的专人进行验收。

(3)大件应尽量靠近安装位置放置,散件有序地集中安放,并做好标记设置围栏,由专人保管,以免丢失。

第七节　某钢栈桥拆除施工风险控制范例

一、工程概况

××大桥,工程线路全长 3 575 m,其中跨越××江部分为 1 435 m,工程由正桥(主桥和水中引桥)、岸上引桥及接线道路组成,道路等级为城市主干路Ⅰ级,设计车道数为双向六车道,桥梁净宽 31.5 m。

为满足施工车辆行走和错车的要求,主栈桥宽 7 m,分栈桥宽 6 m。河西栈桥起点位于 PM17 墩江侧约 29 m,沿桥轴线上游 31.5 m 搭设至 PM20 墩,全长约 375 m;河东栈桥起点位于 PM29 墩江侧 36 m,沿桥轴线上游 14 m 搭设至 PM21 墩,全长约 770 m。预留 PM20~PM21 一跨主孔 210 m 作为施工期间的船舶通航孔。主墩(PM19~PM22)在承台两侧分别设置分栈桥,其余水上桥墩在承台一侧设置分栈桥。河西栈桥与施工便道衔接,起点高程约为 +37.9 m,设置 4.5%的纵坡,使桥面高程逐渐降为+33.0 m。

栈桥于 2012 年 2 月初正式进入拆除阶段,拆除工作先由河东开始,从 PM21 墩向河东岸进行拆除。拆除施工流程为:栈桥栏杆拆除→吊车拆除栈桥面板→拆除贝雷架→拆除平联、斜撑→拔钢管桩→材料转移。拆除过程需用到 70 t 履带式起重机、50 t 浮式起重机、振动锤、平板车等机械设备。钢管桩拔出时,采用振动锤振动拔桩;栈桥拆除逐跨进行,分 12 m、9 m、6 m、3 m 四种。

二、风险控制策略

通过对钢栈桥拆除施工流程进行分析,钢栈桥拆除过程中的风险控制重点在于:

(1)严防起吊构件、材料时违章作业等不安全行为,以免造成起重伤害。

(2)起重设备在栈桥上行走时,要加强指挥现场盯控,严防违规操作的不安全行为,以免造成设备倾覆事故。

(3)拆除过程中,严防作业人员不穿好救生衣、不系好安全带的不安全行为,以免造成人员溺水事故。

(4)切割构件时,严防操作人员违章作业的不安全行为,以免造成火灾。

(5)杜绝振动锤接线不当的不安全行为和用电设备绝缘不良的不安全状态,以免造成触电伤害。

(6)拆除完成后,采用汽车或船舶转运大件材料时,严防偏载、超载等不安全行为,以免导致车辆伤害或发生船舶沉没事故。

三、风险控制技术措施

1. 起重伤害控制技术措施

(1)起重设备指挥人员必须由经验丰富的人员担当,并持证上岗,对大型构件的起重吊装转移全程盯控。

(2)起重指挥人员应对吊点、钢丝绳、绳卡在吊物起吊前进行详细检查,待确认无误后方可进行起吊作业。

(3)起重设备在栈桥行驶,指挥人员应注意设备两侧行驶情况,并及时向起重机司机反映。

2. 设备倾覆控制技术措施

(1)起重机械在栈桥上行走时,栈桥最大承受力计算详见《钢栈桥施工安全专项方案》,经验算 70 t 履带式起重机在栈桥上行驶安全。

(2)起重机司机需警惕,吊物绝对不允许超过最大起重量,同时在起重机运转过程中注意力应高度集中,禁止进行其他与操作机器无关的活动。

(3)起重机指挥人员在旁进行监护。

3. 溺水、坠落事故控制技术措施

因为该栈桥拆除作业是在水上进行,并且为 2 m 以上高空,因此作业人员必须遵守高处作业安全管理规定。

(1)作业人员必须按要求穿戴好救生衣,条件允许情况下系挂好安全带,并做到高挂低用。

(2)两边相对应的作业人员作业需同步,听从指挥不得私自行动,两名作业人员或多名作业人员拆除同一构件需沟通良好。

(3)拆除栈桥的作业人员严禁在拆除过程中打闹嬉戏。

(4)严禁酒后作业。

4. 火灾事故控制技术措施

(1)氧气、乙炔瓶按要求安装回火装置,使用过程中严格遵守氧气、乙炔瓶的安全管理规定,确保安全距离。

(2)乙炔瓶不得倒置放置,在栈桥上如不能放平稳需用钢丝将乙炔瓶固定在栈桥栏杆上,以免绊倒。

(3)氧气、乙炔瓶使用完之后,应及时关闭,并存放到相应位置。

(4)切割作业人员需持证上岗。

(5)动火后,作业人员离开之前应对现场做一次详细的检查,避免残留火星造成火灾事故。

5. 触电事故控制技术措施

拆除过程使用振动锤时,需由熟练操作人员进行操作,并注意如下几点:

（1）振动锤接线应满足临时用电要求，接地、接零设施需全面，电缆线接线后对电缆线的摆放需进行规划，不得随意放置电缆线。

（2）振动锤用完之后，需及时断电，配电柜门应及时关闭，专业电工进行防护处理后方可离开施工现场。

（3）电工作业人员需持证上岗，确保特殊工种持证上岗率100%。

6. 材料转移碰撞事故控制技术措施

（1）将拆除的钢管桩及面板转移至后场时，使用平板车运输，因栈桥宽度只有7 m，当拆除构件较大时，平板车在栈桥上行驶需派专人进行指挥，指挥人员对周围环境需应足够了解，在行进中进行监控，避免平板车上的材料擦刮栏杆、车辆、围栏、起重机械、周围施工人员。

（2）平板车驾驶员驾驶过程中注意力需高度集中，注意周围情况，控制车辆行进速度，发现情况立即停车并进行处理。

（3）材料从PM21墩拆完之后先吊运至机驳，再由船舶运送至PM19墩，船舶运送过程中，需要穿越航道，穿越时需注意航道通航情况，运至PM19墩时，机驳应缓慢靠近栈桥上游，进行材料转运。

7. 船舶碰撞事故控制技术措施

（1）浮式起重机在吊装过程中应注意渔船的行走，如有异常情况，应发出警告告知渔船。

（2）作业人员在拆除作业时，还应警示渔船不得通行，以免发生事故。

8. 物体打击事故控制技术措施

（1）拆除作业应严格按照拆除施工流程进行拆除，如遇到情况，不得强行拆卸，需向主管技术员反映，采取对策，以避免发生物体打击事故。

（2）栈桥桥面范围有限，上面的工具、材料摆放应整齐有序，以免发生工具、材料跌落砸伤作业人员。

（3）加强对施工作业人员的安全教育及安全交底工作，确保作业人员对安全操作规程的充分理解。

第二章　基础工程施工安全技术与风险控制

第一节　风险控制总体策略

桥梁的基础通常可分为两大类:浅基础和深基础。浅基础是指其埋置深度或相对埋深(深宽比)不大,一般用基坑法施工的基础。而深基础除少量也用基坑法施工外,一般均采取特殊的施工方法,如沉井基础、桩基础、管柱基础、地下连续墙基础等。

一、风险控制策略

(1)在旱地基础施工前,严防不对地下管线、地下构筑物等进行准确的调查(尤其是城市桥梁)而盲目施工,以免造成管线损毁。

(2)打桩机、挖掘机、开槽机等大中型施工机械与装备,在使用前,严防不对其进行安全性能检查的不安全行为,以免因机械设备存在不安全状态而发生机械伤害。

(3)水上基础易发生溺水事故,沉井基础、明挖基础易发生高处坠落伤害,应严防这些危险处所不设置防护设施和警示标志的不安全行为,以免发生落水淹溺事故和高处坠落伤害。水上施工时,还应严防无救生和消防等设施、无防汛措施的不安全状态,以免发生落水事故时无法及时救援,发生洪水时无法有效避灾。

(4)围堰易发生变形、渗水和冲刷等情况,严防监测不到位或发现问题处理不及时,以免造成严重的围堰失稳事故。另外,对于双壁钢围堰,还要严防其尺寸、强度、刚度、稳定性和锚定方法不能满足施工要求。采用钢板桩围堰时,要特别注意严防钢板桩吊环焊接质量不合格、违章起吊等不安全状态和不安全行为,以免造成起重伤害和物体打击伤害。

(5)挖孔桩的风险很高,尤其是严防缺氧窒息伤害,严防孔壁坍塌造成埋压事故和物体打击伤害。

(6)涉及爆破的情况时,须严防违规进行爆破作业,以免造成爆炸伤害。

二、风险控制总体方案

(1)双壁钢围堰、吊箱围堰、深基坑、挖孔桩及沉井施工前,应编制专项施工方案,专项施工方案应与现场实际相符。

(2)桥梁基础工程开工前,必须调查探明作业区内地下管线、地下构筑物以及地面以上通信、电力线路等,有碍施工时,应先进行加固防护或改移。

(3)基坑、挖井、沉井、泥浆池、挖孔桩、浇筑后的钻孔桩四周必须设置护栏及明显的警示标志,夜间应悬挂示警红灯,严防非工作人员进入施工区。钻、挖孔桩停止施工时,孔口应加盖防护。特别强调的是,防护盖必须是可靠的,不易被风吹走,且不得人为移作它用。

(4)基坑及围堰施工,应根据气象、水文、地质条件、机械设备能力等因素选择适当的支护方案。

(5)在不稳定的土或砂土中采用吸泥、吹砂等方法下沉围堰或沉井时,应备有向围堰(沉井)内补水的设备,保持围堰(沉井)内外水压平衡,防止翻砂。吸泥器应均匀移动作业,防止吸泥过深,造成结构下沉偏斜。

(6)深水钢围堰、水上作业平台施工,当遇到大风、暴雨等恶劣天气时,应停止施工作业并采取有效的应对措施。

(7)桥梁基础施工安全风险与天气条件有很大的关系,因此务必加强气象监测,及时获取气象预报信息。

第二节 围堰施工安全技术与风险控制

一、土石围堰

1. 风险分析

(1)围堰防水不严密,若水压力较大,可能挤塌围堰。

(2)围堰施工过程中,未加强对其变形、渗水和冲刷情况的监测,若出现异常情况时不能及时采取措施,会使围堰垮塌。

(3)土、石围堰填筑宽度较小,不满足承受水压力和流水冲刷的要求时,围堰可能出现垮塌。

(4)围堰外侧迎水面未采取防冲刷措施,在流水的冲刷作用下,围堰可能垮塌。

(5)土、石围堰填筑内侧坡脚与基坑开挖边缘距离小于 1.0 m,可能使基坑边坡失稳滑坍或基坑坍塌,继而使围堰垮塌。

(6)河床横坡较大时,未在土、石围堰外侧设置防滑桩,可能使围堰失稳滑坍。

(7)钢筋笼卵(片)石围堰,钢筋笼下水时打桩不牢固,若水流冲刷严重或者水压力较大,可能出现围堰垮塌。

以上风险一旦失控,均会导致围堰垮塌、人员淹溺和窒息、物体打击等事故。

2. 风险控制重点

进行土、石围堰施工时,须重点防范围堰垮塌、人员淹溺和窒息等伤害。

3. 风险控制技术

(1)围堰经设计检算,其结构应能承受水、土和外来的压力,并应防水严密。

(2)围堰顶高出施工期间可能出现的最高水位的高度,应根据水文、地质及施工需要等实际情况确定。

(3)围堰施工过程中,应加强对其变形、渗水和冲刷情况的监测,发现异常应及时处理。

(4)土、石围堰填筑宽度应满足承受水压力和流水冲刷的要求。

(5)围堰外侧迎水面应采取防冲刷措施。

(6)围堰填筑内侧坡脚与基坑开挖边缘距离应根据河床土质和基坑深度而定,且不得小于 1.0 m。

(7)当河床横坡较大时,应在围堰外侧打设防滑桩,在桩内侧放入竹笆后堆码土袋围堰。

(8)采用吸泥船吹砂筑岛,作业区内严禁其他船舶和无关人员进入;作业人员不得在承载吸泥管道的浮筒上行走。

(9)钢筋笼卵(片)石围堰,钢筋笼下水时应打桩牢固。

二、钢板桩围堰

1. 风险分析

(1)吊桩时,吊点位置距离桩顶太远,会使桩发生偏斜,不易控制,导致物体打击事故。

(2) 钢板桩组拼插打时,未沿桩长设置横向夹板,极可能影响组拼钢板桩刚度和强度,导致围堰的强度和稳定性不足。

(3)将吊具捆在钢板桩上进行吊装,可能出现钢板桩在起吊过程中坠落。

(4)正式起吊前未进行试吊,若吊环的焊接质量不合格,继而钢板桩坠落,极易造成物体打击事故。

(5)吊起钢板桩未就位前,桩位附近站人,可能出现物体打击事故。

(6)桩帽(垫)与钢板桩连接不牢固或者桩帽(垫)变形时,未及时更换,会使钢板桩桩身倾斜。

(7) 拔桩时,超载硬拔,可能使拔桩设备倒塌。

2. 风险控制重点

(1) 钢板桩组拼插打,须沿桩长设置横向夹板,确保组拼钢板桩刚度,以防围堰强度和稳定性不足。

(2)严禁将吊具拴在钢板桩夹具上或捆在钢板桩上进行吊装,以防发生物体打击伤害。

(3)施工时须确保吊环的焊接质量,并进行试吊后方可正式起吊。

(4)吊起钢板桩未就位前,桩位附近不得站人,以防发生物体打击伤害。

(5)桩帽(垫)与钢板桩连接应牢固,初始阶段应轻打贯入,桩帽(垫)变形时,应及时更换。

(6)拔桩设备须有超载限制器,严禁超载硬拔,以防发生物体打击和机械伤害。

3. 风险控制技术

(1)水中插打钢板桩,必须有安全可靠的打桩船或工作平台,四周设安全防护。

(2)吊桩时吊点位置不得低于桩顶以下 1/3 桩长处。

(3)钢板桩组拼插打,应沿桩长设置横向夹板,确保组拼钢板桩刚度,夹板间距视具体情况确定。

(4)严禁将吊具拴在钢板桩夹具上或捆在钢板桩上进行吊装。

(5)施工时必须确保吊环的焊接质量,并必须进行试吊方可正式起吊。

(6)起吊钢板桩时,应拴好溜绳;吊起钢板桩未就位前,桩位附近不得站人。

(7)桩帽(垫)与钢板桩连接应牢固,初始阶段应轻打贯入,桩帽(垫)变形时,应及时更换。

(8)拔桩前应向围堰内灌水,使围堰内外水位基本相等。

(9)拔桩设备应有超载限制器,严禁超载硬拔。

(10)钢板桩顶层围檩不得一次性预先拆除,应拆除一组拔一组。

(11)拔桩作业应从下游开始,向上游依次进行。

三、双壁钢围堰

1. 风险分析

(1)起吊双壁钢围堰组件时,未拴好溜绳,会使组件坠落,导致物体打击事故发生。

(2)在壁板或隔板内焊接钢围堰时,未采用机械通风,若舱内温度过高或者有害气体浓度较高,会引起中毒和窒息事故。

(3)在浮船或浮箱上组装钢围堰时,四周未设置缆风绳,浮船或浮箱会在较大水流和风力作用下发生倾覆,使围堰和作业人员坠入水中,发生淹溺和物体打击等事故。

(4)浮船及浮箱上,未备有足够数量的救生及防火设备,可能引起淹溺事故和火灾。

(5)当双壁钢围堰使用两台以上起重机或起重船起吊时,未设专人统一指挥,可能出现起重机或起重船之间动作不协调,使起重机或起重船倒塌,导致机械伤害、物体打击和淹溺等事故。

(6)双壁钢围堰在浮运前未对定位船、固定座、钢丝绳、连接设备、起吊塔架、水上供电、通信以及导向船压舱等进行全面检查,在浮运过程中,围堰可能出现进水等意外情况,使围堰倾覆,发生淹溺和物体打击等事故。

(7)双壁钢围堰浮运前,未与气象、水文站(台)联系,未掌握天气和水文情况,若在浮运时,出现暴风雨等情况,可能使围堰倾覆,导致围堰不能浮运至指定作业地点以及发生淹溺和物体打击等事故。

(8)双壁钢围堰浮运过程中,未设救生船并配备救生、消防及通信设施设备,可能发生淹溺事故和火灾。

(9)围堰着床前未根据水位的涨落情况,随时调整锚缆的受力状态,可能使围堰倾覆,导致淹溺和物体打击等事故。

(10)双壁钢围堰接高下沉加载时,未对称均匀加载,会使围堰倾斜甚至倾覆,导致物体打击等事故。

(11)双壁钢围堰内取土下沉时,如抓泥斗碰撞钢围堰侧壁,可能使围堰倾斜甚至倾覆,导致物体打击等事故。

(12)钢围堰落床尚未稳定前,有往来船舶、漂流物等碰撞导向船和锚索等,可引起围堰倾覆,导致淹溺和物体打击等事故。

(13)水下爆破作业不符合现行国家标准《爆破安全规程》(GB 6722—2014)的有关规定时,可能发生放炮事故。

2. 风险控制重点

进行双壁钢围堰施工时,须重点防范围堰倾覆、淹溺和物体打击等伤害。

(1)在壁板或隔板内焊接钢围堰时,应采用机械通风,以防发生中毒和窒息伤害。

(2)在浮船或浮箱上组装钢围堰时,四周应设置缆风绳,并下锚固定,以防发生淹溺和物体打击等事故。

(3)浮船及浮箱上,应备有足够数量的救生及防火设备,以防发生淹溺伤害和火灾。

(4)双壁钢围堰在浮运前应对定位船、固定座、钢丝绳、连接设备、起吊塔架、水上供电、通信以及导向船压舱等进行全面检查,以防围堰倾覆以及发生淹溺和物体打击等伤害。

(5)双壁钢围堰浮运前,应与气象、水文站(台)联系,掌握天气和水文情况,浮运时,应选择风小、正常流速、无雨的白天进行，以防围堰倾覆以及发生淹溺和物体打击等伤害。

(6)围堰着床前，应根据水位的涨落情况，随时调整锚缆的受力状态，以防围堰倾覆以及发生淹溺和物体打击等伤害。

(7)双壁钢围堰接高下沉加载时，应对称均匀加载，以防围堰倾斜或者倾覆，发生淹溺和物体打击等伤害。

(8)钢围堰落床尚未稳定前，应防止往来船舶、漂流物等碰撞导向船和锚索等，防止围堰倾覆，导致淹溺和物体打击等事故。

(9)需要水下爆破时，应严格执行现行国家标准《爆破安全规程》(GB 6722—2014)中的有关规定，以防发生放炮事故。

3. 风险控制技术

(1)起吊双壁钢围堰组件时，应拴好溜绳。

(2)在壁板或隔板内焊接钢围堰时，应采用机械通风，舱内的空气温度不得超过25℃，二氧化碳等有害气体的浓度含量不得超过1.0%。

(3)在浮船或浮箱上组装钢围堰时，四周应设置缆风绳，并下锚固定，在锚碇线路上应设浮标。

(4)船锚在施放时，位置应准确，并要采取措施防止下锚时锚链(绳)缠绕或刮伤人员。

(5)浮船及浮箱上，应备有足够数量的救生及防火设备。

(6)当双壁钢围堰使用两台以上起重机或起重船起吊时，其吊点、吊具及围堰加固应进行设计同时设专人统一指挥。

(7)双壁钢围堰在浮运前应对定位船、导向船上的马口、系缆桩、复式滑车组、绞车、固定座、钢丝绳、连接设备、起吊塔架、水上供电、通信以及导向船压舱等进行全面检查，确认合格后，方可使用。

(8)双壁钢围堰浮运前，应与气象、水文站(台)联系，掌握天气和水文情况；浮运时，应选择风小、正常流速、无雨的白天进行。

(9)双壁钢围堰浮运过程中，应有救生船并配备救生、消防及通信设施设备。

(10)围堰到位下锚时，应防止锚链(绳)缠绕或刮伤人员。

(11)围堰着床前，应根据水位的涨落情况，随时调整锚缆的受力状态，同时锚碇系统应由专人负责检查。

(12)双壁钢围堰接高下沉加载时，应对称均匀加载。

(13)围堰顶应高出施工期间可能出现的最高水位，有涨潮或风浪时应适当加高。

(14)双壁钢围堰内取土下沉时，抓泥斗不得碰撞钢围堰侧壁。

(15)钢围堰落床尚未稳定前，应防止往来船舶、漂流物等碰撞导向船、浮标和锚索等。

(16)需要水下爆破时，应执行现行国家标准《爆破安全规程》(GB 6722—2014)中的有关规定。

四、吊箱围堰

1. 风险分析

(1)在平台上组装时，若底板、侧板连接不牢固，浮运过程中，围堰可能在较大水流或风力作用下发生倾覆，导致淹溺和物体打击等事故发生。

(2)采用多吊点同步吊放,整体下落时,若各吊杆受力不均匀,可能使围堰和起吊设备倾覆,发生淹溺和物体打击等事故。

(3)如果封底混凝土未采用对称浇筑,可能出现厚度不均匀,底面不平坦,增加了承台施工的难度,例如施工设备摆放不平。

(4)如果在单壁钢吊箱内抽水时,未设置内支撑,围堰结构稳定性得不到保证,可能出现围堰倾覆,发生淹溺和物体打击等事故。

(5)潜水及加压前未对潜水设备进行检查,若潜水过程中潜水设备出现意外情况,可能引起淹溺事故。

(6)如果潜水员下潜时未使用安全带,可能发生淹溺事故。

2. 风险控制重点

进行吊箱围堰施工时,须重点防范围堰倾覆、淹溺和物体打击等伤害。

(1)在平台上组装时,底板、侧板须连接牢固,以防围堰在浮运过程中倾覆,导致淹溺和物体打击等事故发生。

(2)采用多吊点同步吊放,整体下落时,应使各吊杆受力均匀,以防围堰和起吊设备倾覆引起淹溺和物体打击等事故。

(3)在单壁钢吊箱内抽水时,须设置内支撑,以防围堰倾覆发生淹溺和物体打击等事故。

3. 风险控制技术

(1)在平台上组装时,底板、侧板须连接牢固。

(2)采用多吊点同步吊放,整体下落时,应使各吊杆受力均匀。

(3)封底混凝土应采用多导管对称浇筑,厚度应均匀。

(4)抽水过程中应加强观测,若有异常,应及时处理。

(5)采用水密板封底时结构接缝应满足水密要求,并采取措施防止吊箱上浮。

(6)在单壁钢吊箱内抽水时,应及时设置内支撑,保证围堰结构的稳定。

(7)潜水及加压前应对潜水设备进行检查,确认良好后方可进行潜水作业。

(8)潜水员下潜时应使用安全带,安全带经检查后套在下潜导绳上。

第三节　明挖基础施工安全技术与风险控制

明挖基础施工中,安全风险控制的总体策略是控制基坑坍塌风险、基坑降水导致邻近建筑物或构筑物损毁的风险、基坑坍塌导致的埋压风险、基坑边缘施工时人员高处坠落的风险、围堰内开挖基坑时的人员淹溺风险、混凝土灌注时的触电风险等。

一、放坡开挖

1. 风险分析

(1)如果基坑开挖对周围建筑物或者邻近设施设备有影响,且未采取安全防护措施,可能使周围建筑物和一些设备设施倒塌,从而发生基坑坍塌、物体打击和高处坠落事故。若周围建筑物为居民楼或者工厂、办公楼等人群密集区,还可能引起触电、火灾、爆炸事故。

(2)如果基坑在开挖前,未将地面以下的管线和构筑物等情况调查清楚,盲目进行施工,可能会破坏地下管线和地下构筑物,导致基坑在施工过程中坍塌。若地下管线为天然气等易燃易爆物输送管道，还可能引发火灾、爆炸事故。

(3)如果基坑在开挖之前，未将地面以上的通信设施和电力线路等情况调查清楚，可能导致触电事故。

(4)作业时，如果采用局部开挖深坑从底层向四周掏土的方法进行施工，可能引起基坑坍塌，施工设备倒塌，从而引发高处坠落和物体打击等事故。

(5)若弃土堆坡脚与坑口边缘的距离小于安全距离，会使基坑边坡失稳滑坍或基坑坍塌，引起窒息事故。

(6)当基坑顶有动载时，若坑口边缘与动载间的距离小于根据基坑深度、坡度及动载大小等情况确定的安全距离，可使基坑边坡失稳滑坍或基坑坍塌，从而导致窒息和高处坠落事故。基坑坍塌严重时还会对周围的车辆、行人等产生影响，发生车辆伤害。

(7)爆破开挖基坑时，若未按国家标准的规定进行作业，极可能在爆破作业中发生人员伤亡事故。

(8)垂直运输土方时，如果未检查吊斗绳索、挂钩和机具等的牢固性，可能发生吊斗坠落，导致物体打击事故。若吊斗内有土，还可能引起窒息事故。

(9)吊斗升降时，坑内作业人员未离开吊斗升降移动范围，若因意外情况吊斗坠落，可能导致物体打击事故；若吊斗内有土，还可能导致窒息事故。

(10)吊斗不使用时，未及时摘下，若因意外情况吊斗坠落，可能导致物体打击事故。

(11)如果基坑四周未按相关规定设置防护设施以及警示标志，可能发生高处坠落事故。

(12)若基坑四周夜间未悬挂示警红灯，可能导致高处坠落事故。

(13)基坑开挖时，未观测坡面稳定情况，如果在坑沿顶面出现裂缝、坑壁松塌或遇涌水、涌砂等情况时，施工人员未及时采取加固防护措施，从而引发基坑边坡失稳滑坍、基坑坍塌以及窒息事故。

2. 风险控制重点

进行基坑放坡开挖时，须重点防范基坑坍塌、窒息伤害、高处坠落伤害和放炮伤害等。

(1)禁止采用局部开挖深坑，从底层向四周掏土的方法施工，以防基坑坍塌以及发生高处坠落伤害和物体打击伤害。

(2)基坑开挖对周围建筑物或者邻近设施设备有影响时，须采取安全防护措施，以防周围建筑物和设施设备倒塌以及发生物体打击和高处坠落等伤害。

(3)基坑开挖之前，应将地面以下的管线、构筑物和地面以上的通信、电力线路等情况调查清楚，以防基坑坍塌以及发生火灾和触电等伤害。

(4)当基坑顶有动载时，须确保坑口边缘与动载间的距离在安全距离之内，以防基坑边坡失稳滑坍、基坑坍塌以及作业人员发生窒息和高处坠落等伤害。

(5)确保弃土堆坡脚与坑口边缘的距离在安全距离之内，以防基坑边坡失稳滑坍、基坑坍塌以及作业人员发生窒息伤害。

(6)当基坑开挖需要爆破时，须按国家标准的规定进行作业，以防发生放炮伤害。

(7)基坑四周应按相关规定设置防护设施以及警示标志，以防发生高处坠落伤害。

(8)基坑四周夜间应悬挂示警红灯，以防发生高处坠落伤害。

(9)基坑开挖时，首先应观测坡面稳定情况，在坑沿顶面出现裂缝、坑壁松塌或遇涌水、涌砂等情况时，施工人员应及时采取加固防护措施，以防基坑边坡失稳滑坍、基坑坍塌以及作业人员发生窒息伤害。

3. 风险控制技术

(1)开挖基坑时应根据具体的地质和水文状况,分层作业。

(2)基坑开挖对周围建筑物或者邻近设施设备有影响,应立即采取安全防护措施。

(3)基坑开挖之前,应将地下管线、地下构筑物和地面以上的通信设施、电力线路等情况调查清楚,禁止盲目施工。

(4)当基坑顶有动载时,坑口边缘与动载间的距离必须保持在根据基坑深度、坡度及动载大小等情况确定的安全距离之内,且均不应小于 1.0 m。

(5)弃土堆坡脚与坑口边缘的距离必须保持在安全距离之内,以防影响基坑边坡的稳定性。

(6)当基坑开挖需要爆破时,应按国家标准的规定进行作业。

(7)采用垂直运输出土时,每班作业均应检查吊斗绳索、挂钩、机具等是否完好且连接牢固。

(8)吊斗升降时,坑内作业人员应躲离吊斗升降移动范围。

(9)吊斗不使用时,应及时摘下,不得悬挂。

(10)基坑四周应按相关规定设置防护设施以及警示标志,夜间还应悬挂示警红灯。

(11)基坑开挖时,应随时观测坡面稳定情况,在坑沿顶面出现裂缝、坑壁松塌或遇涌水、涌砂等不良情况时,作业人员应立即采取加固防护措施。

二、支护开挖

1. 风险分析

(1)当基坑边坡不能自行稳定或者因条件限制不能放坡时,如果未对坑壁进行支护加固后开挖,会引起基坑边坡失稳滑坍或基坑坍塌,同时导致窒息事故。

(2)挡板护壁施工:

1)基坑开挖时,若未边挖边支,可能使基坑坍塌,同时发生施工人员的埋压伤害。

2)未能随时检查支撑结构的变形情况,从而使施工人员不能及时加固或者更换支撑结构,当支撑结构物破坏时会引发物体打击事故,严重时还可能使基坑坍塌,同时导致窒息事故。

3)用吊斗出土时,如果吊斗碰撞支撑,可能使支撑结构物破坏,导致物体打击事故,严重时还可能使基坑坍塌,同时发生窒息事故。

(3)排桩支护施工:

1)如果排桩支护结构未进行设计检算,可能出现支护结构的刚度和强度等指标不能满足施工要求,导致施工过程中基坑坍塌并引发窒息事故。

2)如果排桩支护结构未按设计施工要求,未能严格遵守先支撑后开挖的原则,可能使基坑坍塌,同时导致窒息事故。

3)若钢支撑的连接不符合相关规定,可能出现钢支撑连接不牢固、不顺直以及支撑端头局部不稳定等情况,从而由于钢支撑破坏而引发物体打击事故,严重时还可能使基坑坍塌,同时导致窒息事故。

4)采用挖掘机出土时,挖斗碰撞排桩,可能使排桩和支撑结构物倒塌,从而导致基坑坍塌和窒息事故。

(4)锚喷支护施工：

1)如果喷射过程中碾压、踩踏管路，可能使喷射方向不受控制，导致物体打击事故。

2)喷射混凝土时，如果喷嘴面对有人的方向，可能导致物体打击事故。

3)锚杆施工前若未进行现场拉拔和锚杆群锚效果试验等，盲目施工，从而导致锚杆折断引发的物体打击事故以及边坡由于锚杆断裂而失稳滑坍。

4)施工人员未佩戴安全帽和口罩等防护用品，可能发生物体打击和机械伤害等事故。

2. 风险控制重点

进行基坑支护开挖时，须重点防范基坑坍塌、窒息伤害和物体打击伤害等。

(1)当基坑边坡不能自行稳定或者因条件限制不能放坡时，须对坑壁进行支护加固后开挖，以防基坑坍塌，作业人员发生窒息伤害。

(2)支护结构和支撑结构应随时检查，发现变形时，须及时加固或者更换，以防基坑坍塌，作业人员发生窒息伤害和物体打击伤害。

(3)出土时，须有防护措施，吊斗不得碰撞支护结构和支撑结构，以防基坑坍塌，作业人员发生窒息伤害。

3. 风险控制技术

(1)当基坑边坡不能自稳或因条件限制不能放坡时，必须对坑壁进行支护加固后开挖。

(2)挡板护壁施工应符合下列规定：

1)基坑每层开挖深度应根据地质情况确定，并应边挖边支。

2)支撑结构应随时检查，发现变形，应及时加固或更换。

3)支撑拆除时应按自下而上的顺序，待下层支撑拆除并回填土后，再拆除上层支撑。

4)用吊斗出土，应有防护措施，吊斗不得碰撞支撑。

(3)排桩支护施工应符合下列规定：

1)排桩支护结构应进行设计检算，并按设计要求进行施工，严格遵守先支撑后开挖的原则。

2)钢支撑的连接必须牢固、顺直；拉锚应做抗拔试验，确保锚固稳定可靠。

3)当地下水位高于基坑底面时，应先行降水或在排桩外围施工隔水帷幕后再开挖基坑。

(4)锚喷支护施工应符合下列规定：

1)喷射混凝土作业前应检查现场环境、管路、接头、压力表及安全阀；作业过程中应设专人指挥，专人操作喷射设备；严禁喷射过程中碾压、踩踏管路。

2)根据土质与渗水情况，每次下挖后应及时喷护，对无水或少水坑壁，喷射顺序应由下而上，但对渗水的坑壁应由上而下；喷射混凝土终凝 2 h 后，应进行湿润养护。

3)喷射混凝土时，喷嘴不得面对有人方向，喷射机发生故障时，应先停风、水后再处理。

4)锚杆施工所用的钢材、锚具、砂浆等材料和钻孔、张拉、注浆设备等均应按国家有关规定进行检验。

5)锚杆施工前应进行现场拉拔和锚杆群锚效果试验等，以判明锚杆能否满足设计要求的性能。

6)锚杆锚固段的强度达到设计要求后方可进行张拉，锚杆锁定应按设计要求进行；锚杆的张拉顺序应考虑对邻近锚杆的影响。

三、基坑降、排水

1. 风险分析

(1)如果基坑顶面四周未开挖排水沟,可能导致地表水流入基坑,减缓施工进度,增加施工难度,也为清基工作带来很多不便;若遇到暴雨天气,还可能使基坑边坡受到冲刷导致坍塌事故。

(2)基坑降、排水时,未对周边的建筑物加强观测,使施工人员不能在必要时及时采取防范措施,可能使周围建筑物倒塌以及基坑坍塌,从而导致物体打击和高处坠落事故;若周围建筑物为居民楼或者工厂办公楼等人群密集区,还可能导致触电、火灾、爆炸事故。

(3)基坑在降、排水过程中,当出现大量涌砂、涌水、坑壁坍塌等情况时,未停止抽水,同时未采取加固措施,可能导致基坑坍塌和透水事故。

(4)当地下水位较高,基坑降、排水措施效果不佳时,未考虑在基坑围护结构外围设置隔水帷幕,可能增加施工难度,减缓施工进度,导致透水事故。

2. 风险控制重点

进行基坑降、排水时,须重点防范基坑坍塌和透水事故。

(1)基坑顶面四周须开挖排水沟,以防地表水流入基坑,发生基坑坍塌。

(2)基坑降、排水时,须对周边的建筑物加强观测,必要时应及时采取防范措施,以防发生周围建筑物倒塌和基坑坍塌。

(3)基坑在降、排水过程中,当出现大量涌砂、涌水、坑壁坍塌等情况时,须停止抽水,同时采取加固措施,以防发生透水事故。

(4)当地下水位较高,基坑降、排水措施效果不佳时,须考虑在基坑围护结构外围设置隔水帷幕,以防发生透水伤害。

3. 风险控制技术

(1)基坑顶面四周应开挖排水沟。

(2)基坑降、排水时,应加强对周边建筑物或者建构物的观测,必要时,施工人员应及时采取防范措施。

(3)在降、排水过程中,当出现大量涌砂、涌水、坑壁坍塌等情况时,应立即停止抽水,同时采取加固措施。

(4)当地下水位较高,基坑降、排水措施效果不佳时,应考虑在基坑围护结构外围设置隔水帷幕。

第四节 桩基础与承台施工安全技术与风险控制

一、沉桩

1. 风险分析

(1)打桩机的移动轨道铺设不平顺、轨距不均匀,此时极易使打桩机在移动过程中脱离轨道,毁坏机械设备,导致机械伤害和物体打击事故。

(2)在起吊桩或桩锤时,作业人员在吊钩或者桩架下停留,若起吊过程中由于意外情况桩身坠落或者桩架倒塌时,会导致物体打击事故。

(3)桩机停止作业后,未及时切断动力源,当有不知情的施工人员靠近或者不小心触碰桩机时,很有可能使桩机在无防护情况下自行工作,造成机械伤害和物体打击事故。

(4)在沉桩过程中,遇地基沉陷、桩机倾斜、吊具损坏时继续操作,这种在施工机具不安全的状态下进行施工,不仅会加剧设备磨损,而且还可引起设备故障,导致物体打击和机械伤害事故。

(5)桩机在工作状态时进行维修,会引发机械伤害事故。

(6)射水沉桩时,未在桩身入土达到稳定时再射水,可使桩身和桩架倾斜,导致机械伤害和物体打击事故。

2. 风险控制重点

进行沉桩施工时,须重点防范由于桩身倾斜和机械设备引发的物体打击伤害和机械伤害。

(1)打桩机的移动轨道须铺设平顺,轨距正确,轨道钉牢,钢轨端部须设止轮器,并设专人进行检查,确定无误后,方可进行下一步作业。

(2)在起吊桩或桩锤时,严禁作业人员在吊钩或桩架下停留,以防发生物体打击伤害。

(3)桩机停止作业后,须立即切断动力源,以防发生机械伤害和物体打击伤害。

(4)在沉桩过程中,遇地基沉陷、桩机倾斜、吊具损坏,须立即停止施工,查明情况,并将问题上报,采取措施,以防发生物体打击和机械伤害事故。

(5)桩机工作时,严禁对其进行维修,以防发生机械伤害。

(6)采用高压射水辅助沉桩施工时,须防止沉桩急剧下沉,造成桩身和桩架倾斜,射水沉桩时,应待桩身入土达到稳定时再射水,以防发生机械伤害和物体打击伤害。

3. 风险控制技术

(1)锤击沉桩应考虑对邻近建(构)筑物和周边土体的影响,对其沉降和位移应进行观测,发现异常应停止沉桩并及时处理。

(2)有潮汐的水域,应采用固定平台或专用打桩船,水上打桩平台应与打桩机底座连接牢固;当采用专用打桩船沉桩时,桩架与船体的连接和船体的锚碇应牢固;当其他船舶通过施工区,船行波影响打桩船稳定性时,应暂停沉桩。

(3)接长钢筋混凝土管桩时,严禁把手伸入桩头和法兰螺栓孔中。

(4)打桩机工作时,严禁对其进行维修,严禁桩锤在悬挂状态下进行检查维修。

(5)打桩机移动时,机体应平稳,桩锤应放在机架的最低位置。

(6)振动打桩机与桩帽及桩的连接螺栓,应上满拧紧,每振动一次必须进行检查,若有松动,应及时予以处理。

(7)用起重机具悬吊振动锤沉桩时,其吊钩上方应有防松脱的保护装置,并应控制吊钩下降速度与沉桩速度一致,保持桩身稳定。

(8)压桩前,应根据压桩地区的水文、地质情况正确估算压桩阻力,选用适当的压桩设备。

(9)桩的吊点应符合设计要求;吊桩时应在桩上拴好溜绳,不得碰撞桩机。

(10)压桩过程中,应保持桩机压梁中轴线与桩中轴线在同一直线上,发生桩身倾斜应立即停止加压,查明原因处理后方可继续施工。

(11)压桩机严禁超负荷运行,当压桩阻力超过压桩机能力时,应立即停止施工,避免发生断桩或倒架事故。

(12)采用高压水泵等辅助沉桩措施,高压水泵的压力表、安全阀、水泵、输水管道及水压大小应符合安全要求,高压射水辅助沉桩,应根据地质情况,采用相应水压。

(13)在地势低洼处采用辅助射水沉桩时,应有排水设施,保持排水正常,施工中严禁射水管口对着人、设备和设施。

(14)靠近既有桥梁部位的基桩,不得采用射水辅助沉桩。

(15)管桩打好后,应随即将桩口盖好,避免不明物体落入管桩,影响后期施工。

二、钻孔桩

1. 风险分析

(1)在高压线或营业线附近施工时,钻机与高压线或营业线的距离不符合要求,同时未采取防护措施,可能导致人体触电事故,若机械设备倾覆,还可能导致机械伤害和物体打击事故。

(2)发生卡钻、掉钻时,施工人员在没有护筒或其他防护措施的情况下进入钻孔,钻孔如发生坍塌,则会导致窒息事故;若孔内有有害气体,则还可能导致中毒事故。

(3)钻孔时,钻速过快或骤然变速,不仅加剧设备损耗,同时可能在出现意外情况时,不能及时采取防护措施,导致钻孔坍塌事故。

(4)孔内弃土堆积在钻孔周围,可能使钻孔坍塌,若孔内有施工人员还有可能导致人员窒息事故。

(5)停钻后,钻头未提出孔外安全放置,若钻机出现意外情况自行工作,不仅加剧设备损耗,同时还可能导致钻孔坍塌事故。

(6)由于走行道路不平坦或者机架不稳定等不能满足钻机正常移动和工作要求,可使钻机倾覆,导致机械伤害和物体打击事故,同时还可能使钻孔坍塌。

2. 风险控制重点

进行钻孔桩施工时,须重点防范钻孔坍塌、触电伤害、物体打击伤害和机械伤害等。

(1)在高压线或营业线附近施工,须有防触电和防设备倾覆措施,当钻机与高压线的距离不符合要求时,可在施工前将原地面降低一定的高度,使钻机与高压线的距离不小于安全距离,以防发生触电伤害。

(2)发生卡钻、掉钻时,严禁人员进入没有护筒或其他防护设施的钻孔内;若必须进入有防护设施的钻孔时,应确认钻孔内无有害气体并备齐防毒、防溺水、防埋等安全设施后,方可进入。并应有专人负责现场指挥,以防发生中毒和窒息伤害。

(3)钻孔时,钻速不得过快或骤然变速,以防发生钻孔坍塌。

(4)孔内弃土不得堆积在钻孔周围,以防发生钻孔坍塌。

(5)停钻后,钻头须提出孔外安全放置,以防发生钻孔坍塌。

(6)应满足钻机正常移动和工作要求,以防钻机倾覆,发生钻孔坍塌、机械伤害和物体打击伤害。

3. 风险控制技术

(1)在高压线或营业线附近施工,应有防触电和防设备倾覆措施。

(2)钻机的施工场地及走行道路应平坦坚实,满足钻机正常工作和移动的要求。

(3)钻机安装时,机架应垫平,保持稳定,不得产生位移或沉陷,钻架顶端应用缆风绳对称张拉,地锚应牢固。

(4)停钻后,钻头应提出孔外安全放置。

(5)冲孔时,非作业人员不得进入冲击区域范围内;当检测钻孔或吊泥浆出孔时,钻头应放置在安全位置。

(6)提升钻头到接近护筒底缘时,应减速平稳提升。

(7)钻机移动时,不得挤压电缆线和风、水管路。

(8)在钻孔作业中高压软管不得与机架接触,导管加接时,机体应支垫平稳,不得下沉歪斜。

(9)开挖时,当冲抓钻头脱离皇冠后,上导向环应快速放绳,防止钢丝绳被折断,制动装置应安全可靠。

(10)钻孔时,钻速不得过快或骤然变速;孔内弃土不得堆积在钻孔周围。

(11)清孔使用的高压水或高压风的管路接头,应连接牢固,并能承受水、风压力。

(12)钻孔作业过程中,应观察主机所在地面和支腿支承处地面变化情况,发现下沉现象应及时停机处理;因故停机时间较长时,应将套管口保险钩挂牢。

(13)发生卡钻时,不得强提,应查明原因,尽快处理。

(14)发生卡钻、掉钻时,严禁人员进入没有护筒或其他防护设施的钻孔内;必须进入有防护设施的钻孔时,应确认钻孔内无有害气体并备齐防毒、防溺水、防埋等安全设施后,方可进入,并应有专人负责现场指挥。

(15)岩溶地质条件钻孔前,应制定专项安全措施,备足钻孔泥浆及填充材料等应急物资。

(16)施工时,禁止抽取岩溶地质条件地区的地下水。

(17)钢筋笼孔口连接时,孔内钢筋笼应固定牢靠,钢筋连接人员与起重机操作人员应协调一致;钢筋笼下孔时,要小心操作,防止碰撞,保护钢筋笼的整体性。

(18)钢筋笼吊装前,应采取措施防止其产生过大变形。

(19)夜间施工时应设置灯光照明,照明灯光应避免强光直射江面,影响船舶驾驶人员的瞭望;临时航道设置助航标志,与施工无关的船只严禁进入作业区。

(20)水下浇筑混凝土时,应搭设浇筑工作平台,并设井口防护,确保施工操作人员安全;拆卸导管时,应在导管完全松开后,方可起吊移开;采用人工抬运导管时,应有防滑措施。

三、挖孔桩

1. 风险分析

(1)施工人员在施工时未采取安全防护措施,例如未戴安全帽、未挂好安全绳等,一旦孔井上方有物体掉落等意外情况,极易导致物体打击,同时高空作业时还可能导致高空坠落事故。

(2)护壁支护未完成便继续开挖,当未支护护壁较长时,可能会因支撑力不足,使孔井坍塌,发生窒息事故。

(3)弃渣未及时运走在孔口周围堆积,可能导致孔井坍塌。

(4)孔内通风条件不符合相关规定,可能引起中毒和窒息事故。

(5)孔内排水不符合相关规定,例如孔内积水未及时抽排,可能使孔井坍塌,导致窒息事故。

(6)桩孔内岩石需要爆破时,爆破施工不满足相关规定,可能导致放炮事故。若孔口未加防护盖，邻近孔的作业人员未撤离至安全地带，石渣飞出时易导致物体打击事故。

(7)孔内作业时，孔外作业人员未随时注意护壁变化及孔底施工情况，可能发生孔井坍塌；当发现异常时，不能立即协助孔内人员撤出，会导致窒息事故。

2. 风险控制重点

进行挖孔桩施工时，须重点防范孔井坍塌、窒息伤害、放炮事故和物体打击伤害等。

(1)孔内施工人员须戴好安全帽，挂好安全绳，穿好绝缘胶鞋，人员上下不得携带任何工具和材料，孔内必须设置应急软梯，以防发生物体打击和高空坠落伤害。

(2)孔内作业时，孔口须有专人看守，随时与孔内人员保持联系，并随时注意护壁变化及孔底施工情况，发现异常时，应立即协助孔内人员撤出，以防孔井坍塌，作业人员发生窒息事故。

(3)孔内通风作业时，若没有安全可靠的措施严禁采取人工挖孔作业方式。需经常检查有害气体浓度，必要时采取机械通风措施；爆破后需迅速排烟，以防作业人员发生中毒和窒息事故。

(4)孔内积水须及时抽排，以防孔井坍塌导致作业人员窒息伤害。

(5)弃渣须及时运走，不得在孔口周围堆积，以防孔井坍塌导致作业人员窒息事故。

(6)桩孔内岩石需要爆破时须采用小直径浅孔微差爆破，严格控制装药量，孔口应加防护盖，以防止石渣飞出，一孔进行爆破，邻近孔的作业人员应撤离至安全地带，以防发生放炮伤害和物体打击伤害。

(7)杜绝施工人员一味追求施工进度，在护壁支护未完成前向下开挖，以防孔井坍塌导致埋压事故。

3. 风险控制技术

(1)设计为非人工挖孔成孔的桩基础，未经设计、监理和建设单位同意，严禁采用人工挖孔施工。

(2)孔内作业人员必须戴好安全帽，挂好安全绳，穿好绝缘胶鞋，人员上下不得携带任何工具和材料，孔内必须设置应急软梯。

(3)孔内通风及排水应符合下列规定：

1)如没有安全可靠的措施不得采取人工挖孔作业。

2)应经常检查有害气体浓度，二氧化碳含量超过 0.1%，其他有害气体超过允许浓度或孔深超过 10 m 时，均应采用机械通风措施。

3)爆破后应迅速排烟，及时清除松动石块、土块。

4)孔内积水应及时抽排。

(4)弃渣应及时运走，不得堆在孔口周围。

(5)桩孔内岩石需要爆破时须采用小直径浅孔微差爆破，严格控制装药量，孔口应加防护盖，以防止石渣飞出，一孔进行爆破，邻近孔的作业人员应撤离至安全地带。

(6)护壁施工应符合设计要求，当采用混凝土护壁时，应随挖随护，开挖后必须随即施作钢筋混凝土护壁；护壁经验收合格后方可继续下挖。

(7)孔口围圈应高出地面 0.3 m 以上，并设防护栏，夜间作业时应悬挂示警红灯。

(8)绞车、绞绳、吊斗、卷扬机等机具必须经常检查维修，孔内应设置护盖等防止物体坠落的设施，孔内照明应采用低压行灯，起吊设备必须有限位器和防脱钩装置。

四、承台施工

修筑承台的围堰安全技术与风险控制参见本章第二节的有关内容；基坑开挖安全技术与风险控制参见本章第三节的有关内容。

1. 风险分析

(1)若操作平台搭设不牢固，则可能因承载力不足而导致垮塌事故，进一步引发严重的高处坠落伤害、物体打击伤害或人员落水淹溺伤害。

(2)在双壁钢围堰和吊箱围堰中除土、吸泥或抽水，可能影响围堰的稳定或冲刷围堰下部，若忽略对冲刷情况、稳定情况的检查，可能导致围堰倾斜事故。

(3)凿除超灌桩头混凝土时，若作业人员操作不当，可能导致机械伤害、物体打击伤害。

(4)对于高承台结构，当承台及墩身混凝土浇筑完成后，若承台顶面以上的钢结构没有及时拆除，可能危及通航船只的安全及造成洪水期漂浮物堆积。

2. 风险控制重点

(1)严防操作平台搭设不牢固，以免造成垮塌事故。

(2)在双壁钢围堰和吊箱围堰中除土、吸泥或抽水，严防忽略检查，以免造成围堰倾斜事故。

(3)凿除超灌桩头混凝土时，严防凿除顺序错误、作业人员之间不协调等不安全行为，杜绝大锤不牢靠的不安全状态，杜绝使锤人戴手套、使锤人与扶钎人面对面操作等不安全行为，以免造成物体打击伤害。

3. 风险控制技术

(1)搭设的操作平台及支撑系统应连接牢固，并能承受所有施工人员、机具和用料的重量。

(2)在围堰内除土、吸泥或抽水时，应经常检查围堰稳定情况及围堰内冲刷情况，并有防止围堰倾斜的措施。

(3)凿除超灌桩头混凝土应符合下列规定：①凿除应自上而下顺序进行。②两人作业时，应相互呼应，协调配合，多人作业时应设专人指挥。③使用风动工具必须严格按操作规程进行作业，并佩戴防护用品。④手工凿除时，大锤必须安装牢固，扶钎人应使用夹具，不得徒手扶钎，使锤人不得戴手套，不得与扶钎人面对面操作。⑤应及时清除拆除的碎块。

(4)高承台结构中，当承台及墩身混凝土浇筑完成后，应将承台顶面以上的钢结构切除，不得危及通航船只的安全及造成洪水期漂浮物堆积。

第五节　沉井基础施工安全技术与风险控制

一、筑岛沉井

1. 风险分析

(1)筑岛围堰不牢固，其地基承载力不满足设计要求，可能使围堰在施工时受水流冲刷造成塌陷，增加施工难度，还可能导致透水事故。

(2)制作底节沉井时，脚手架平台未搭设牢固，若脚手架在使用过程中失稳，可能导致高处坠落和物体打击事故。

(3)拆除沉井垫木不符合相关规定,可能使沉井偏斜,导致物体打击事故。

(4)沉井下沉时,先挖沉井外圈土,在刃脚处掘进速度不均匀,可能使沉井偏斜,导致物体打击事故。

(5)井下操作人员未配齐安全防护用品,例如,井内无安全照明设施,各室未挂钢梯及安全绳等,当出现沉井偏斜,井内大量涌水、涌砂等意外情况时,井内施工人员无法及时撤离,导致物体打击和透水事故。

(6)井上搭设的抽水机台座(架)未安装牢靠,可能出现台座(架)倒塌,导致物体打击事故;电路未使用防水胶线,可能出现漏电,导致触电事故。

(7)沉井顶面未设安全防护围栏,可能发生高处坠落事故。

(8)垂直运输土方时,未检查吊斗绳索、挂钩和机具等的牢固性,若吊斗坠落,则导致物体打击和窒息事故;吊斗升降时,坑内作业人员未躲离吊斗升降移动范围,可能发生物体打击和窒息事故。

2. 风险控制重点

进行筑岛沉井施工时,须重点防范沉井偏斜、物体打击伤害和透水事故等。

(1)筑岛围堰应牢固,其地基承载力须满足设计要求,以防发生透水事故。

(2)脚手架平台和井上搭设的抽水机台座(架)须搭设安装牢固,以防发生高处坠落和物体打击伤害。

(3)拆除沉井垫木须符合规定,以防沉井偏斜,发生物体打击伤害。

(4)沉井下沉时,不得先挖沉井外圈土,须在刃脚处均匀掘进,保持沉井均衡下沉,以防沉井偏斜,发生物体打击伤害。

(5)井下操作人员须配齐安全防护用品,以防发生物体打击和透水等伤害。

(6)吊斗出土时,斗梁与吊钩须封绑牢固,若发现损伤部位应及时更换或加固;吊斗升降时,井顶指挥人员应通知井下人员暂时避开,躲离吊斗升降移动范围,以防发生物体打击和窒息伤害。

3. 风险控制技术

(1)筑岛围堰应修筑牢固,其地基承载力应满足设计要求。

(2)制作底节沉井时,脚手架平台应搭设牢固,模板支撑应牢固。

(3)拆除沉井垫木应符合下列规定:

1)混凝土强度应能满足设计规定的沉井抽垫受力的要求。

2)拆除垫木应分区、依次、对称、同步地进行;拆除垫木后,应随即用砂土回填捣实,拆除垫木时应防止沉井偏斜。

3)定位支垫处垫木,应最后同时抽出。

4)拆除沉井模板及垫木时,应派专人在沉井外观察和指挥。

(4)沉井下沉时,不得先挖沉井外圈土,应在刃脚处均匀掘进,保持沉井均衡下沉。

(5)井下操作人员必须配齐安全防护用品,井内要有充足的安全照明设施。沉井各室均应悬挂钢梯及安全绳等。当出现沉井偏斜,井内大量涌水、涌砂等意外情况时,井内施工人员应及时撤离。

(6)井上搭设的抽水机台座(架)须安装牢靠,电路应使用防水胶线。

(7)沉井顶面应设安全防护围栏。

(8)吊斗出土时,斗梁与吊钩应封绑牢固,并应经常检查斗梁、斗门等磨损情况,发现损伤部位应及时更换或加固;吊斗升降时,井顶指挥人员应通知井下人员暂时避开,躲离吊斗升降移动范围。

二、浮式沉井

1. 风险分析

(1)浮式沉井在下水前,沉井各节以及临时性井底水密性试验检查不合格或者未做水密性检查试验就下水,可能使沉井在浮运过程中进水,导致沉井不能浮运至指点作业地点,减缓施工进度。

(2)当采用起吊下水时,未对起重设备合理配置,沉井在下水过程中,可能使起重设备受力不均匀,导致设备和沉井倾覆,坠入水中,从而发生淹溺事故。

(3)当河岸有适合坡度,采用滑移、牵引等措施下水时,下滑速度过快,沉井后侧溜绳控制不得当,会导致沉井倾覆。

(4)导向船、定位船连接时发生剧烈碰撞,可使沉井倾覆以及船上的设备倒塌,导致物体打击和淹溺事故。

(5)浮式沉井在悬浮状态下的接高和下沉不符合相关规定,例如沉井在悬浮状态下的施工各阶段,未随时观测沉井的稳定性和出水高度;接高时,未均匀对称加载;浮式沉井定位落床前,未考虑潮水涨落的影响;沉井落床后,未采取措施,使其尽快下沉达到保持稳定的深度,这些均可能导致沉井偏斜甚至倾覆等事故。

(6)施工人员未穿好救生衣、戴好安全帽等防护用品,可能发生淹溺事故和物体打击事故。

2. 风险控制重点

进行浮式沉井施工时,须重点防范沉井偏斜、倾覆和发生淹溺事故。

(1)当采用起吊下水时,须对起重设备合理配置,使起重设备受力均匀,以防设备和沉井倾覆,发生淹溺伤害。

(2)当河岸有适合坡度,采用滑移、牵引等措施下水时,下滑速度应缓慢,沉井后侧应始终以溜绳控制,以防沉井倾覆。

(3)导向船、定位船连接时,严禁剧烈碰撞,以防发生物体打击伤害和淹溺伤害。

(4)浮式沉井在悬浮状态下的接高和下沉须符合相关规定,例如沉井在悬浮状态下的施工各阶段,应随时观测沉井的稳定性和出水高度;接高时,应均匀对称加载,以防沉井偏斜和倾覆。

(5)施工人员须穿好救生衣、佩戴好安全帽等防护用品,以防发生淹溺伤害和物体打击伤害。

3. 风险控制技术

(1)浮式沉井在下水前,沉井各节以及临时性井底应做水密性试验检查,合格后方可下水。

(2)浮式沉井下水前,应制定下水方案;当采用起吊下水时,应对起重设备合理配置使其受力均匀;当河岸有适合坡度,采用滑移、牵引等措施下水时,下滑速度应缓慢,沉井后侧应始终以溜绳控制。

(3)船上(或支架平台上)制造完成的浮式沉井,下水应在水面波浪较小时进行,当有船只驶过时,应暂缓入水。

(4)导向船、定位船连接时,不得发生剧烈碰撞,汛期应经常检查锚碇系统。

(5)浮式沉井在悬浮状态下的接高和下沉应符合下列规定:

1)沉井在悬浮状态下的施工各阶段,应随时观测沉井的稳定性和出水高度。

2)接高时,必须均匀对称加载,沉井顶面应高出施工时水位 1.5 m 以上。

3)带气筒的浮式沉井,气筒应加强防护。

4)浮式沉井定位落床前,应考虑潮水涨落的影响;沉井落床后,应采取措施,使其尽快下沉,并使沉井达到保持稳定的深度。

(6)施工人员必须穿好救生衣、佩戴好安全帽等防护用品。

三、沉井清理、封底及填充

1. 风险分析

(1)清理基底时,基底面未整平,可能使基底面距离隔墙底面的高度及刃脚斜面露出的高度不满足设计要求,导致浇筑的封底混凝土不均匀,从而影响整个沉井基础的承载力和稳定性。

(2)基底浮泥或岩面残留物未清理,基底和封底混凝土间有有害夹层,可能导致整个沉井基础的承载力和稳定性不足。

(3)封底混凝土强度未满足受力要求就进行抽水填充,可能导致封底混凝土破坏,使整个沉井基础的承载力和稳定性不足。

(4)水下浇筑混凝土时,未搭设浇筑工作平台,可使料斗倾覆,导致物体打击伤害。

(5)水下浇筑混凝土时,未设置井口防护,可能引起高处坠落事故。

(6)采用人工抬运导管时,无防滑措施,可能出现导管坠落,损坏导管,同时导致物体打击事故。

2. 风险控制重点

(1)清理基底时,基底面须整平,以防沉井基础的承载力和稳定性不足。

(2)基底浮泥或岩面残留物须清理,基底和封底混凝土间不得有有害夹层,以防沉井基础的承载力和稳定性不足。

(3)封底混凝土强度须在满足受力要求后进行抽水填充,以防沉井基础的承载力和稳定性不足。

(4)水下浇筑混凝土时,须搭设浇筑工作平台,以防料斗倾覆,发生物体打击伤害。

(5)水下浇筑混凝土时,应设置井口防护,以防高处坠落事故发生。

(6)人工抬运导管时,应有防滑措施,以防损坏导管,同时导致物体打击事故。

3. 风险控制技术

(1)需要进行水下作业清理基底时,基底面应整平,整平后的基底面距离隔墙底面的高度及刃脚斜面露出的高度,应满足设计要求。

(2)基底浮泥或岩面残留物均应清理,基底和封底混凝土间不得产生有害夹层,清理后的有效面积不得小于设计要求。

(3)沉井应待封底混凝土强度满足受力要求后进行抽水填充和施工井盖板。

(4)水下浇筑混凝土时,应搭设浇筑工作平台,并设井口防护。

(5)拆卸导管时,应在导管完全松开后,方可起吊移开;采用人工抬运导管时,应有防滑措施。

(6)采用水下混凝土封底时,固定导管和料斗的井架应搭设牢固,料斗应采用起重机悬吊或其他措施加固。

(7)安装、拆卸导管或漏斗过程中,应有专人指挥。

第六节 地下连续墙基础施工安全技术与风险控制

将钻孔桩的截面取作矩形,让其彼此相邻,然后将其连接就组成了地下连续墙。其优点是:①地下连续墙基础是以摩阻力为主的摩擦型基础。由于地下连续墙在挖槽时对周围土层的扰动比下沉沉井的扰动要小,加上井箱内留有土芯,墙的内外两面都同土层接触,其摩阻力要比沉箱或沉井都大。因此,地下连续墙可以获得较大的承载力。②地下连续墙基础是一个变形很小的刚性基础。地下连续墙基础的刚度不仅比桩基础的刚度大,而且比沉箱或沉井都大。所以,在水平力作用下,其变位很小。

一、导墙施工

1. 风险分析

(1)安装预制块导墙时,块件连接处不严密,可能出现泥浆渗漏,导致槽壁失稳坍塌。

(2)导墙混凝土强度未达到设计标准就开挖该导墙槽段下的土方,可能出现导墙破坏或变形。

(3)混凝土导墙浇筑和养护时,重型机械、车辆在其附近作业,使导墙受到周围动荷载的影响,导致导墙变形或破坏。

(4)导墙土方开挖后,直至导墙混凝土浇筑前,未在导墙槽边设围挡或护栏和安全标志,这种情况下很容易使作业人员不慎坠入槽孔内。

(5)未在两导墙间按相关规定设置支撑,可能导致导墙变形或破坏。

(6)导墙的平面轴线与地下连续墙轴线不平行,两导墙的内侧间距比地下连续墙体厚度小,可能导致钢筋笼难以放入槽孔内。

(7)导墙底端埋入土内深度过小且基底土层未夯实,可能出现导墙失稳破坏。

(8)导墙顶面未高出地面,可能导致侧向土石坍塌事故。

(9)遇地下水位较高时,导墙顶端未高出地下水位,可能出现地下水进入槽孔,导致槽壁坍塌。

(10)内墙面未保持垂直,可能导致钢筋笼难以放入槽孔内。

2. 风险控制重点

进行导墙施工时,须重点防范导墙变形或破坏以及钢筋笼难以放入槽孔内。

(1)导墙混凝土强度达到设计规定后,方可开挖该导墙槽段下的土方,以防导墙变形或破坏。

(2)混凝土导墙浇筑和养护时,重型机械、车辆不得在其附近作业,以防导墙变形或破坏。

(3)导墙支撑应每隔 1~1.5 m 距离设置,以防导墙变形或破坏。

(4)导墙的平面轴线须与地下连续墙轴线平行,两导墙的内侧间距宜比地下连续墙体厚度大 40~60 mm,以防钢筋笼难以放入槽孔内。

(5)导墙底端埋入土内深度宜大于 1 m,基底土层须夯实,遇特殊情况应妥善处理,以防导墙破坏。

(6)导墙顶面应高出地面,遇地下水位较高时,导墙顶端应高出地下水位,以防槽壁坍塌。

(7)内墙面须保持垂直,以防钢筋笼难以放入槽孔内。

3. 风险控制技术

(1)安装预制块导墙时,块件连接处应严密,防止渗漏。

(2)导墙混凝土强度达到设计规定后,方可开挖该导墙槽段下的土方。

(3)混凝土导墙浇筑和养护时,重型机械、车辆不得在其附近作业。

(4)导墙土方开挖后,直至导墙混凝土浇筑前,必须在导墙槽边设围挡或护栏和安全标志。

(5)导墙模板拆除后,应及时在两导墙间每隔 1 m 设型号为 ϕ100 mm 圆木横撑 3 根,防止导墙变形失稳。

(6)导墙支撑应每隔 1~1.5 m 距离设置。

(7)导墙的平面轴线应与地下连续墙轴线平行,两导墙的内侧间距宜比地下连续墙体厚度大 40~60 mm。

(8)导墙底端埋入土内深度宜大于 1 m,基底土层应夯实,遇特殊情况应妥善处理。

(9)导墙顶面应高出地面,遇地下水位较高时,导墙顶端应高出地下水位。

(10)墙后应填土,并与墙顶平齐,全部导墙顶面应保持水平,内墙面应保持垂直。

二、成槽施工

1. 风险分析

(1)挖槽时,抓斗中心平面未与导墙中心平面相吻合,可能引起挖出的槽段偏斜,从而导致钢筋笼难以放入槽孔内。

(2)成槽机、起重机工作时,吊臂下站人,极可能发生机械伤害事故。

(3)挖槽未采用间隔式开挖,可能导致槽壁坍塌。

(4)挖槽过程中,未观测槽壁变形、垂直度、泥浆液面高度,可能出现槽壁坍塌。

(5)挖槽过程中,未控制抓斗上下运行速度,使泥浆在槽内产生动压、掀起波浪,破坏了槽壁土体的稳定,导致槽壁坍塌。

(6)槽段挖至设计高程,未对成槽质量(例如:槽宽、槽深和垂直度等)进行检查,可能出现槽壁坍塌和钢筋笼难以放入槽孔内。

(7)泥浆浓度不满足槽壁稳定的需要,重复使用的泥浆如果性能发生变化,未进行再生处理,可能使泥浆达不到护壁的要求,导致槽壁坍塌。

(8)成槽机械开挖到一定深度时,未立即输入调好的泥浆,泥浆不能及时起到护壁的作用,可能导致槽壁坍塌。

(9)泥浆沉淀池周围未设防护栏杆,作业人员不慎坠入泥浆池导致窒息事故。

(10)在保护设施不齐全的情况下,作业人员下槽内清理障碍物,若槽壁坍塌,极可能导致窒息事故。

(11)槽段距离邻近建筑物较小或在槽段邻近堆放土方、钢筋等重物,使槽壁受到附加的侧向土压力,导致槽壁坍塌。

2. 风险控制重点

进行成槽施工时,须重点防范槽壁坍塌和机械伤害。

(1)严禁在槽段两侧堆放土方、钢筋等重物,槽段与邻近建筑物的距离应保持在安全距离以内,以防槽壁坍塌。

(2)成槽机、起重机工作时,吊臂下严禁站人,以防发生机械伤害。

(3)挖槽须采用间隔式开挖,以防槽壁坍塌。

(4)挖槽过程中,应观测槽壁变形、垂直度、泥浆液面高度,以防出现槽壁坍塌。

(5)挖槽过程中,应控制抓斗上下运行速度,以防槽壁坍塌。

(6)槽段挖至设计高程,应对成槽质量(例如:槽宽、槽深和垂直度等)进行检查,以防出现槽壁坍塌以及钢筋笼难以放入槽孔内。

(7)泥浆浓度须满足槽壁稳定的需要,重复使用的泥浆如果性能发生变化,应进行再生处理。

(8)成槽机械开挖到一定深度时,应立即输入调好的泥浆,以防槽壁坍塌。

(9)在保护设施不齐全、监护人员不到位的情况下,严禁作业人员下槽内清理障碍物,以防槽壁坍塌导致窒息事故。

3. 风险控制技术

(1)挖槽时,抓斗中心平面应与导墙中心平面相吻合。

(2)成槽机、起重机工作时,吊臂下严禁站人。

(3)单元槽段长度应符合设计规定,并采用间隔式开挖,一般地质应间隔一个单元槽段。

(4)挖槽过程中,应观测槽壁变形、垂直度、泥浆液面高度,并应控制抓斗上下运行速度。

(5)槽段挖至设计高程后应及时检查槽位、槽深、槽宽和垂直度,并做好记录,然后进行清底。

(6)现场应设泥浆沉淀池,周围应设防护栏杆;废弃泥浆和钻渣应妥善处理,不得污染环境。

(7)成槽机械开挖一定深度后,应立即输入调好的泥浆,泥浆浓度应满足槽壁稳定的要求,泥浆液面高度不低于导墙底面,若重复使用的泥浆性能发生变化,应进行再生处理。

(8)准备一定数量黏土,出现塌孔情况时应立即回填黏土,避免槽壁坍塌范围扩大。

(9)挖槽时应加强观测,遇槽壁发生坍塌、沟槽偏斜等事故时,应立即停止作业,查明原因,采取相应的安全技术措施,待确认安全后,方可继续作业。

(10)在保护设施不齐全、监护人员不到位的情况下,严禁人员下槽内清理障碍物。

(11)严禁在槽段两侧堆放土方、钢筋等重物,或停置和通行起重机等重型施工机械;槽段与邻近建筑物的距离须保持在安全距离之内。

三、连续墙施工

1. 风险分析

(1)地下连续墙施工前未平整场地,起重机在作业过程中可能发生起重伤害。

(2)两台起重机同时起吊,未注意负荷的分配,可能使其中一台负荷过大而倒塌,导致起重伤害。

(3)钢筋笼起吊时,未对两台起重机进行统一指挥,可能出现两台起重机动作不协调,发生倒塌,导致起重伤害。

(4)钢筋笼下放过程中,遇到阻碍不能下放时,仍强行下放,可能导致槽壁坍塌。

(5)吊钢筋笼时，未检查起重机的稳定性、制动器的可靠性、吊点和钢筋笼的牢固程度，可能出现起重机倒塌，钢筋笼坠落，导致槽壁坍塌、起重伤害和物体打击事故。

(6)各类钢筋笼未设置纵向抗弯桁架，可能使钢筋在吊装过程中产生变形，产生不必要的施工步骤，减缓施工进度。

(7)吊装好钢筋笼后未能及时灌注混凝土，施工槽段因闲置时间过长而引起槽壁坍塌，混凝土灌注后有可能出现夹泥现象，导致地下连续墙渗漏。

(8)混凝土灌注时，未控制好导管的埋管深度，可能出现导管拔空，使墙体混凝土夹泥，导致地下连续墙渗漏。

(9)灌注地下连续墙的混凝土供料不及时，难以保持浇筑的连续性，混凝土在槽内上升速度慢，流动性差，使土渣夹入到墙体之中，导致地下连续墙渗漏。

2. 风险控制重点

进行连续墙施工时，须重点防范起重伤害、槽壁坍塌以及地下连续墙局部夹泥渗漏。

(1)地下连续墙施工前，应平整场地，清除成槽范围内的地面、地下障碍物，以防发生起重伤害。

(2)两台起重机同时起吊，应注意负荷的分配，以防发生起重伤害。

(3)钢筋笼起吊时，应对两台起重机进行统一指挥，以防两台起重机动作不协调，发生起重伤害。

(4)钢筋笼下放过程中，遇到阻碍不能下放时，禁止强行下放，以防槽壁坍塌。

(5)吊钢筋笼时，须检查起重机的稳定性、制动器的可靠性、吊点和钢筋笼的牢固程度，以防槽壁坍塌以及发生起重伤害和物体打击伤害。

(6)吊装好钢筋笼后，应立即灌注混凝土，以防地下连续墙局部夹泥渗漏。

(7)混凝土灌注时，须控制好导管的埋管深度，以防地下连续墙局部夹泥渗漏。

(8)灌注地下墙的混凝土供料应及时，同时保持灌注的连续性，以防地下连续墙局部夹泥渗漏。

3. 风险控制技术

(1)地下连续墙施工前，应平整场地，清除成槽范围内的地面、地下障碍物。

(2)钢筋笼下放前必须对槽壁垂直度、平整度、清孔质量及槽底高程进行严格检查。

(3)下放过程中，遇到阻碍，钢筋笼放不下去时，严禁强行下放。

(4)若发现槽壁土体局部凸出或坍落至槽底，则必须整修槽壁，清除槽底坍土后，方可下放钢筋笼。

(5)严禁割短或割小钢筋笼。

(6)起重机吊钢筋笼时，应先吊离地面0.2~0.5 m，检查起重机的稳定性，制动器的可靠性、吊点和钢筋笼的牢固程度确认可靠后，方能继续起吊。

(7)两台起重机同时起吊，须注意负荷的分配，每台起重机分担的负荷不得超过该机允许负荷的80%。

(8)钢筋笼起吊时，须对两台起重机进行统一指挥，使两台起重机动作协调相互配合。

(9)各类钢筋笼均设置纵向抗弯桁架，拐角钢筋笼增设定位斜拉杆。

(10)钢筋笼就位后，应立即进行灌注混凝土，间隔时间不得超过4 h。

(11)须保证开始灌注混凝土时埋管深度不小于500 mm。

(12)须保证均匀连续灌注混凝土,因故中断灌注时间不得超过 30 min。

(13)导管随混凝土灌注应逐步提升,其埋入混凝土深度应为 1.5~3.0 m,相邻两导管内混凝土高差不应大于 0.5 m。

(14)混凝土灌注应高出设计高程 300~500 mm。

第七节 某围堰筑岛施工风险控制范例

一、工程概况

某大桥上跨江山港,下部结构主桥桥墩采用实体墩,基础为承台和嵌岩灌注桩;引桥采用柱式墩,钻孔灌注桩基础;桥台采用肋式台,钻孔灌注桩基础。全桥共 12 个墩台,其中 3 号、4 号、7 号、8 号、9 号及 10 号位于江山港河道中;5 号、6 号位于河道中心滩涂上。

该桥所在地区属亚热带季风气候区,气候温和,四季分明,雨量充沛。年平均气温 17.2℃,极端最高温度为 40.5℃,极端最低温度为-10℃。年平均降雨量 1 804.92 mm,蒸发量 1 424.80 mm。降雨量在季节上的分配,2 月到 7 月中旬为雨季,降雨主要集中在 5 月、6 月份,期间常伴有洪水,从 7 月下旬至下年 1 月为旱季,区内最大水系为江山港。山区河流比较大,为雨源型,水位、水量都具暴涨暴落的特点。

围堰筑岛施工计划于 10 月 1 日开始,10 月 25 日完成筑岛填土;钢筋场施工计划于 10 月 15 日开始,10 月 30 日完成建设工作。根据整体工期安排,围堰存留期为 27 个月。

围堰总体部署:分两段落进行,第一段落从祝家坂村侧顺桥梁方向,在桥梁右侧填筑宽度为 5 m 的临时施工便道,在对应 3 号、4 号、5 号、6 号及 7 号墩位置用黄土填筑筑岛;第二段落从湖前村一侧向江山港河道中心进行临时便道的填筑,临时便道宽度为 5 m,并在对应 8 号、9 号及10 号墩位置用黄土填筑筑岛。7 号、8 号墩之间不进行填筑,搭设 30 m 长临时钢便桥,有效流水面积 75 m^2,保证河道正常流水。

围堰尺寸设计:水中土围堰,拟定围堰填土高度为 4.5 m,高出常水位水面 1.5 m,3 号、4 号、5 号、9 号及 10 号墩上口填土宽度为 12 m,长度 26.25 m,6 号、7 号、8 号墩围堰上口宽度 18.6 m,长度 26.25 m。

二、风险控制总体策略

从工程水文地质条件、气象条件、围堰类型来看,风险控制总体策略为:严防围堰受水流冲刷而导致损毁事故;水上作业时,杜绝安全措施不到位而发生溺水事故;严防防汛措施不当而导致施工灾害事故。

三、围堰筑岛过程风险控制

(一)围堰填筑

1. 工作内容

(1)通过放样确定围堰便道的走向及方位,墩台的位置,考虑设备进出通道及停放位置后的实际所需占地面积。

(2)确定围堰尺寸和围堰顶高程。计算出基础围堰所需土方量以及围堰顶部所需的碎石量。

(3)选定围堰取填料土场,结合当地材料情况,选择当地施工大都采用的黄黏土做基础围堰,黄黏土有一定的黏度,渗水量小,碾压密实有具有一定的抗冲刷性,饱水效果好,是土石围堰填料的良好材料。

(4)围堰填筑不要直接向水中倾倒土,应出水面将土倒在堰头,用机械顺坡送入水中,以免直接倒入水中土体发生离析或被水冲走,造成堰体渗水。水面以上土分层填筑,每层厚度不超过 30 cm,并采用压路机碾压密实,达到堰体整体稳固,具备一定的抗冲刷能力,合龙后不下沉、不塌陷满足施工要求。

(5)5 号、6 号墩位于河道中心滩涂上,滩涂为洗砂场洗砂产生的泥浆形成的滩涂,承载力不能满足要求,因此采用挖除换填黄土的办法进行分层填筑,每层厚度不超过 30 cm,并采用压路机碾压密实。

(6)因围堰筑岛引起河水流速增大使堰外坡面有受冲刷的危险时,可在外坡面用草袋及木桩等加以防护。

(7)分两段落先后进行施工。第一段落从祝家坂村侧顺桥梁方向,在桥梁右侧填筑临时施工便道,在对应 3 号、4 号、5 号、6 号及 7 号墩位置用黄土填筑筑岛;待第一段落施工完毕后,第二段落从湖前村一侧向河道中心进行临时便道的填筑,并在对应 8 号、9 号及 10 号墩位置用黄土填筑筑岛。7 号、8 号之间不进行填筑,预留 35 m 的净宽。

2. 风险控制策略

土围堰填筑施工时,须重点防范围堰垮塌、淹溺等事故。

(1)围堰筑岛施工及钢筋场施工时,严防无水务、水利等相关部门人员在现场指导工作的不安全状态,以防施工期间航道发生航行事故。

(2)严防围堰尺寸不足而无法承受水、土和外来的压力,杜绝防水不严密的不安全状态,严防围堰外侧迎水面无防冲刷措施或防冲刷措施不到位,以免围堰垮塌造成埋压和淹溺等伤害。

(3)围堰填筑内侧坡脚与基坑开挖边缘距离应根据河床土质和基坑深度而定,且不得小于 1.0 m,以防基坑坍塌导致围堰垮塌。

(4)因围堰筑岛引起河水流速增大使堰外坡面有受冲刷的危险时,严防不在外坡面采取必要防护措施的麻痹行为。

(二)竣工后围堰的拆除

1. 工作内容

待桥梁工程施工完毕后,进行围堰的挖除及钢筋场的拆除。围堰挖除采用分段进行:第一段落进行 8 号、9 号、10 号墩筑岛平台及临时通道的挖除,方向从 8 号墩位置向 10 号墩方向进行,优先恢复主河道的畅通;第二段落进行 3 号、4 号、5 号、6 号及 7 号墩筑岛平台及临时通道的挖除,方向从 7 号墩位置向 1 号墩方向进行;堰脚土方必须挖尽,不许在河底形成门槛,使河道恢复原状,以保证河道的畅通。

2. 风险控制策略

本工序风险控制策略在于:严防堰脚土方未挖尽的不安全状态,以免在河底形成门槛而导致航道事故。

第三章 墩台与盖梁施工安全技术与风险控制

墩台与盖梁施工作业过程中，易发生的风险主要体现在高处坠落伤害、物体打击伤害、机械伤害、起重伤害、触电伤害等方面。

第一节 施工装备安全技术与风险控制

一、脚手架

1. 风险分析

(1)如果脚手架、工作平台搭设不牢固，在作业过程中易导致高处坠落和物体打击等事故。

(2)脚手架搭设前若未进行受力检算，可能出现承载力不足，导致高处坠落和物体打击等事故。

(3)如果支撑脚手架的地基不坚实，极可能在作业过程中脚手架倒塌，导致高处坠落和物体打击事故。

(4)当脚手架搭设较高或风力较大时，若未增设缆风绳，则易导致高处坠落和物体打击等事故。

(5)搭拆脚手架时，施工区域未设警戒标志，如因意外情况出现脚手架倒塌，极可能导致物体打击等事故。

(6)在脚手架使用期间，如果松动或拆除任何受力杆件，极可能造成高处坠落和物体打击等事故。

(7)作业平台上若出现超载，则很可能使脚手架倒塌引起高处坠落和物体打击等事故。

2. 风险控制重点

脚手架在使用期间，须重点防范其倒塌导致高处坠落和物体打击等伤害。

(1)脚手架、工作平台须搭设牢固，以防其在作业过程中倒塌导致高处坠落和物体打击等伤害。

(2)支撑脚手架的地基应坚实，四周应设排水沟，以防出现脚手架倒塌导致高处坠落和物体打击等伤害。

(3)当脚手架搭设较高或风力较大时，应增设缆风绳并锚固牢靠，以防出现脚手架倒塌导致高处坠落和物体打击等伤害。

(4)在脚手架使用期间，严禁松动或拆除任何受力杆件，以防脚手架倒塌导致高处坠落和物体打击等伤害。

(5)作业平台上严禁超载，以防脚手架倒塌导致高处坠落和物体打击等伤害。

3. 风险控制技术

(1)脚手架、工作平台应搭设牢固,不得与模板及其支撑体系联结。

(2)脚手架搭设前应进行受力检算。

(3)支撑脚手架的地基应坚实,满足承载力的要求,四周排水应通畅。

(4)当脚手架搭设较高或风力较大时,应增设缆风绳并锚固牢靠,必要时与桥墩拉结。

(5)搭拆脚手架时,施工区域应设警戒标志。

(6)严禁将模板支架、缆风绳、混凝土输送泵管等固定在脚手架上或悬挂在起重设备上。

(7)在脚手架使用期间,严禁松动或拆除任何受力杆件。

(8)作业平台上不得超载,四周应设围栏,并张挂密目安全网,脚手板搁置必须牢固平整,不得有空头板。

二、塔式起重机

1. 风险分析

(1)如果塔式起重机基础不牢固,极可能由于失稳倒塌引发高处坠落和机械伤害等事故。

(2)如果塔式起重机未与桥墩进行可靠连接,极易导致高处坠落和机械伤害等事故。

(3)风力较大时,若进行塔身升降作业,极可能使塔式起重机和重物倾覆,导致高处坠落和机械伤害等事故。

(4)当同一施工地点有两台以上塔式起重机时,若两机间任何接近部位(包括吊重物)距离较小,极可能发生碰撞,使塔式起重机倒塌导致高处坠落和机械伤害等事故。

(5)作业中,当停电或电压下降时,如果没有立即将控制器扳到零位,并切断电源,极易使塔式起重机倒塌导致高处坠落和机械伤害等事故。

(6)操作人员临时离开操纵室时,未切断电源,如果塔式起重机因为意外情况自行启动,则很可能导致高处坠落和机械伤害等事故。

2. 风险控制重点

塔式起重机在使用期间,须重点防范其倒塌导致高处坠落和机械伤害。

(1)塔式起重机基础须牢固,四周应排水通畅,以防塔式起重机倒塌导致高处坠落和机械伤害。

(2)塔式起重机与桥墩之间的固定连接应牢固可靠,以防塔式起重机倒塌导致高处坠落和机械伤害。

(3)风力较大时,不得进行塔身升降作业,以防塔式起重机和重物倾覆导致高处坠落和机械伤害。

(4)当同一施工地点有两台以上塔式起重机时,应保持两机间任何接近部位(包括吊重物)距离不小于2 m,以防塔式起重机倒塌导致高处坠落和机械伤害。

3. 风险控制技术

(1)塔式起重机基础应满足塔式起重机抗倾翻稳定性的要求,四周应排水通畅。

(2)塔式起重机与桥墩之间的固定连接应牢固可靠。

(3)风力较大时,不得进行塔身升降作业。

(4)当同一施工地点有两台以上塔式起重机时,应保持两机间任何接近部位(包括吊重物)距离不小于2 m。

(5)严禁塔式起重机提升重物时自由下降。

(6)作业中,当停电或电压下降时,应立即将控制器扳到零位,并切断电源。

(7)操作人员临时离开操纵室时,必须切断电源。

(8)停机时,应断开电源总开关,并打开高空指示灯。

三、施工电梯

1. 风险分析

(1)如果施工电梯与墩身或基础连接不牢固,可能出现其在作业过程中倾覆,导致高处坠落和物体打击等事故。

(2)电梯运行时,人员及物品伸出安全栏外,极可能导致高处坠落和物体打击等事故。

(3)施工电梯超载运行,可能使电梯出现故障,导致高处坠落事故的发生。

2. 风险控制重点

施工电梯在使用期间,须重点防范高处坠落和物体打击伤害。

(1)施工电梯与墩身或基础必须连接牢固,以防发生高处坠落和物体打击等伤害。

(2)电梯运行时,人员及物品不得伸出安全栏外,以防发生高处坠落和物体打击等伤害。

(3)严禁施工电梯超载运行,以防发生高处坠落等事故。

3. 风险控制技术

(1)施工电梯应与墩身或基础连接牢固。

(2)施工电梯每安装一个标准节,必须按照要求安装限位器。

(3)电梯运行时,人员及物品不得伸出安全栏外。

(4)严禁施工电梯超载。

四、起重机械

1. 风险分析

(1)起重机械如果在使用前未检查确认符合要求就进行试吊,极可能发生起重伤害。

(2)如果钢丝绳在任何一个断面内的断丝数量较多且未及时进行更换,可能出现钢丝绳断裂使重物坠落,从而导致物体打击和起重伤害等事故。

(3)如果吊钩磨损严重且未及时更换,可能出现吊钩断裂使重物坠落,从而导致物体打击和起重伤害等事故。

(4)如果吊钩的螺纹已腐蚀,极可能出现吊钩在螺纹处断裂使重物坠落,从而导致物体打击和起重伤害等事故。

(5)吊装作业中,当重物吊起、转向、走行、接近人员、重物下落时,若未鸣铃示警,极可能导致起重伤害和物体打击等事故。

(6)如果吊装物上站人,极可能导致高处坠落事故。

(7)遇6级及以上大风仍进行露天吊装作业,极可能使吊装重物倾覆,导致起重伤害和物体打击等事故。

(8)如果在超过起重机械容许荷载和斜拉重物等情况下起吊,可能引发起重伤害。

(9)若在无指挥或信号不清时起吊,可能导致起重伤害。

(10)起重机械在作业中停机时,若将重物悬在空中停机,可能出现重物坠落导致起重伤害和物体打击等事故。

(11)如果起重机械越过无防护措施的外电架空线路作业,可能引发触电事故。

2. 风险控制重点

起重机械在使用期间,须重点防范起重伤害。

(1)起重机械使用前须经检查确认符合要求及进行试吊后,方可使用,以防发生起重伤害。

(2)钢丝绳应无死弯,不起油且钢丝绳在任何一个断面内的断丝数量不得超过该断面总钢丝数的5%,以防钢丝绳断裂导致物体打击事故和起重伤害等。

(3)吊钩的螺纹不得腐蚀,且其缺陷部位严禁焊补,以防吊钩断裂导致物体打击事故和起重伤害。

(4)吊装作业中,当重物吊起、转向、走行、接近人员、重物下落时,必须鸣铃示警,以防发生物体打击事故和起重伤害。

(5)遇6级及以上大风必须停止露天吊装作业,以防吊装重物倾覆导致起重伤害和物体打击事故等。

(6)杜绝在超过起重机械容许荷载和斜拉重物的情况下起吊,以防发生起重伤害。

(7)严禁在无指挥或信号不清时起吊,以防发生起重伤害。

(8)起重机械在作业中停机时,必须先将重物落地,以防重物坠落导致起重伤害和物体打击事故等。

3. 风险控制技术

(1)起重机械使用前必须经检查确认符合要求及进行试吊后,方可使用。

(2)钢丝绳应无死弯,不起油。

(3)钢丝绳在任何一个断面内的断丝数量不得超过此断面总钢丝数的5%。

(4)钢丝绳断丝达到规定标准后应进行更换。

(5)吊钩磨损后的危险截面实际高度严禁小于基本尺寸的95%。

(6)吊钩的螺纹不得腐蚀。

(7)吊钩的缺陷严禁焊补。

(8)吊装作业中,当重物吊起、转向、走行、接近人员、重物下落时,必须鸣铃示警,吊装物上严禁站人。

(9)遇6级及以上大风必须停止露天吊装作业。

(10)严禁在超过起重机械容许荷载、荷载不明和斜拉重物的情况下起吊。

(11)无指挥或信号不清时严禁起吊。

(12)起重机械在作业中停机时,必须先将重物落地,不应将重物悬在空中停机。

(13)起重机械严禁越过无任何防护措施的外电架空线路作业。

第二节　墩台施工安全技术与风险控制

一、一般性问题

高大模板、爬模、翻模施工前,应编制专项施工方案。墩台施工模板应有足够的强度、刚度和稳定性,能承受施工过程中可能产生的各项荷载。墩(台)身混凝土施工应加强对模板支撑系统和变形的检查。墩身钢筋安装应搭设支架临时加固,防止钢筋骨架倾覆。墩台施工靠近既有道路时应采取可靠的安全防护措施,确保过往行人和车辆的安全。当墩台位于陡坡处时,应按设计要求及时施工边坡支护及排水工程。隧道或路堑的弃渣,严禁倾倒在墩台一侧,以免造成偏压。

二、大块模板施工

1. 风险分析

(1)采用分段连接整体吊装时,若模板连接不牢固,可能在吊装过程中模板坠落,导致物体打击事故;也可能出现模板松脱坍塌,使钢筋骨架倾覆,发生高处坠落、物体打击和机械伤害等事故。

(2)模板就位后,若未立即用撑木固定其位置,可能出现模板倾倒导致物体打击事故。

(3)起吊安装过程中,如果碰撞模板和脚手架,可能使模板和脚手架倒塌,导致高处坠落和物体打击等事故。

(4)模板拆除时,若未按规定的程序进行,可能出现模板坍塌,导致物体打击等事故。

(5)模板、材料和工具等随意抛扔,极可能导致物体打击事故。

2. 风险控制重点

进行大块模板施工时,须重点防范物体打击等伤害。

(1)采用分段连接整体吊装时,模板须连接牢固,以防发生高处坠落、物体打击和机械伤害等。

(2)模板就位后,应立即用撑木固定其位置,以防模板倾倒导致物体打击伤害。

(3)模板拆除应遵循自上而下、分节分块、先挂后拆的原则进行,以防发生物体打击伤害。

3. 风险控制技术

(1)采用分段连接整体吊装时,模板应连接牢固。

(2)模板就位后,应立即用撑木固定其位置。

(3)大块模板支撑系统应经检算,并有一定的安全储备。

(4)起吊安装过程中,应拴溜绳,不得碰撞模板和脚手架。

(5)模板拆除应遵循自上而下、分节分块、先挂后拆的原则进行。

三、高墩爬模施工

1. 风险分析

(1)如果爬模自身脚手架平台、接料平台及安全网等未安装牢固,可能出现脚手架等倒塌,导致高处坠落和物体打击等事故。

(2)如果爬升体系未设保险装置,则可能出现失稳导致物体打击等事故。

(3)架体提升时,如果工作人员站在爬升的模板或爬架上,极可能发生高处坠落事故。

(4)提升设备在提升前如果未进行全面检查,则可能在提升过程中发生设备故障,使模板坠落导致物体打击事故。

(5)模板组装完毕后若未经检验合格就浇筑混凝土,如果存在模板拼接不严密等情况,则可能出现漏浆导致混凝土成型质量差。

(6)浇筑混凝土时,如果振捣器接触模板和钢筋等,可能使其松动导致混凝土成型质量差;也有可能出现模板和钢筋等倒塌,导致物体打击伤害。

(7)混凝土浇筑后,如果混凝土强度未达到要求就拆模,则可能在进行下一个模板施工时,混凝土由于不能满足承载力的要求而导致墩台部分坍塌。

2. 风险控制重点

进行高墩爬模施工时,须重点防范混凝土成型质量差以及高处坠落和物体打击等伤害。

(1)爬模自身脚手架平台、接料平台及安全网等应安装牢固,以防发生高处坠落和物体打击伤害。

(2)爬升体系须设保险装置,以防发生物体打击伤害。

(3)严禁工作人员站在爬升的模板或爬架上,以防发生高处坠落伤害。

(4)提升设备在提升前须进行全面检查,以防发生物体打击伤害。

(5)模板组装完毕经检验合格后方可浇筑混凝土,以防出现漏浆等现象导致混凝土成型质量差。

(6)浇筑混凝土时,应避免振捣器接触模板和钢筋等,以防混凝土浇筑质量差以及发生物体打击伤害。

(7)混凝土浇筑后,强度达 2.5 MPa 以上方可拆模,以防混凝土不满足承载力的要求,导致墩台部分坍塌。

3. 风险控制技术

(1)高墩爬模应有足够的强度、刚度和稳定性。

(2)爬模自身脚手架平台、接料平台、吊挂脚手架及安全网应安装牢固。

(3)爬升体系应设保险装置。

(4)架体提升时,工作人员不能站在爬升的模板或爬架上。

(5)提升设备在提升前应全面检查。

(6)模板组装完毕经检验合格后方可浇筑混凝土。

(7)浇筑混凝土时,应避免振捣器接触模板、对拉螺栓、钢筋或空心支撑。

(8)混凝土浇筑后,强度达 2.5 MPa 以上方可拆模。

(9)爬模的接料平台、脚手架平台、拆模吊篮的荷载应均匀,不得超载。

四、高墩翻模施工

1. 风险分析

(1)提升模板时,起重机未分节分块提升安装,可能出现安装不牢固,模板坠落,导致物体打击事故。

(2)若翻模分节分块的重量大于起重机的额定起重量,可能出现模板坠落,起重机倒塌,导致物体打击和机械伤害等事故。

(3)模板吊装提升和移动速度如果过快,可能出现模板失稳而坠落,从而导致物体打击伤害等。

(4)作业人员攀附在模板上或者模板侧的工作平台上,极可能发生高处坠落事故。

2. 风险控制重点

进行高墩翻模施工时，须重点防范高处坠落和物体打击等伤害。

(1)提升模板时，起重机须分节分块提升并安装牢固，以防发生物体打击伤害。

(2)翻模分节分块的重量应小于起重机的额定起重量，以防发生物体打击和机械伤害等。

(3)模板吊装时应缓慢提升和移动，以防发生物体打击伤害。

(4)严禁作业人员攀附在模板上或者模板侧的工作平台上，以防发生高处坠落危险。

3. 风险控制技术

(1)工作平台应和模板连为一体，提升时，起重机应分节分块提升并安装牢固。

(2)翻模分节分块的重量应小于起重机的额定起重量。

(3)模板吊装时应缓慢提升和移动。

(4)严禁作业人员攀附在模板上或者模板侧的工作平台上。

五、高墩滑模施工

1. 风险分析

(1)设备装置在使用前如果未进行检查、调试，使用过程中存在安全隐患，如电器漏电，可能导致触电事故。

(2)若夜间施工照明不良，则可能导致高处坠落事故。

(3)如果高空作业人员未系好安全绳等防护用品，极有可能导致高处坠落事故。

(4)架体提升时，作业人员在爬升的模板或爬架上，可能发生高处坠落事故。

(5)如果线路敷设不标准，例如未架空或埋地，可能导致触电事故。

(6)滑模在提升时，如果未进行统一指挥，升高时可能会出现异常情况，例如模板发生倾斜、扭转等。

2. 风险控制重点

进行高墩滑模施工时，须重点防范高处坠落和触电等伤害。

(1)设备装置使用前须进行检查、调试，以防发生触电伤害。

(2)夜间施工应有充足的照明，以防发生高处坠落伤害。

(3)高空作业人员应做好安全防护工作，例如系好安全带，以防发生高处坠落伤害。

(4)架体提升时，严禁作业人员在爬升的模板或爬架上，以防发生高处坠落伤害。

(5)线路敷设须标准化，以防发生触电伤害。

(6)滑模在提升时，应统一指挥，并指定专人负责监视千斤顶，以防模板出现异常情况。

3. 风险控制技术

(1)滑模平台在提升前应对全部设备装置进行检查，调试妥善后方可使用，重点放在检查平台的装配、节点、电器及液压系统。

(2)作业人员必须服从统一指挥，任何人不得擅自操作液压设备和机械设备。

(3)避雷设备应有接地线装置，平台上振动器、电机等应接地。

(4)通信设备除电铃和信号灯外，还应装备 3~4 台对讲机。

(5)浇筑混凝土，不得用大罐漏斗直接灌入，防止冲击模板。

(6)模板每次提升前，应进行检查，排除故障，观察偏斜数值。

(7)滑模在提升时,应统一指挥,并有专人负责千斤顶。

(8)墩身混凝土养护作业人员必须系好安全带。

(9)夜间施工应有足够的照明,在人员上下及运输过道上,均应设置固定的照明设施。

(10)拆除滑模设备时,应做好安全防护措施。

第三节　盖梁及墩柱加固施工安全技术与风险控制

一、风险分析

(1)作业人员登高时若马凳或爬梯安放不牢,则可能会造成高处坠落伤害。

(2)电钻成孔时作业人员如违章用电,则可能发生触电事故。

(3)锚固剂溅入作业人员眼睛如不立即就医,则可由于眼睛未能得到及时治疗而导致伤害扩大。

(4)钢板进行防锈涂装刷油漆时,如作业人员未戴防毒口罩,则可造成人员中毒。

二、风险控制技术

(1)作业前,应对作业人员进行安全交底。

(2)进入施工现场,作业人员应戴好安全帽。高处作业时,还应系好安全带。

(3)自制马凳和登高用的爬梯要牢靠,防止人员操作时意外摔伤。

(4)接长盖梁施工,凿除连接部位的混凝土保护层时,作业人员应戴好护目镜和防尘口罩。

(5)新接长的钢筋与原主筋焊接时,应遵守相应的焊接安全操作规程。

(6)加宽盖梁应植筋时,若采用电钻成孔,应注意用电安全。锚固剂配制作业必须具备手套、口罩、护目镜等防护用品;若不慎将锚固剂溅入眼睛,应立即就医。手锤击打钢筋方式入孔时,一手应扶住钢筋或螺栓,以保证对中并避免回弹;手锤对面不得有人。

(7)外包钢加固墩柱应符合下列规定:

1)采用注浆法外包钢加固时,构件表面应打磨粗糙、无油污。注浆压力不应低于0.1 MPa。灌浆后严禁再对型钢进行锤击、焊接。

2)采用干式外包型钢加固时,型钢与构件之间应用水泥砂浆填实。施焊钢板时,应用夹具夹紧型钢。用螺栓套箍时,拧紧螺帽后可将螺母与垫板点焊。

3)钢板进行防锈涂装刷油漆时,作业人员应戴好防毒口罩,工作场所应配备各种必要的灭火器以备救护。

第四节　高墩施工风险控制范例

一、工程概况

××大桥中心桩号 K40+871,桥位处有一条小河,常年流水。上部构造采用 30 m 预应力混凝土预制 T 梁,先简支后结构连续体系;桥跨组合为:4×30 m+3×30 m,共两联;下部构造桥墩采用双柱式墩接桩基础;桥台采用 U 形台扩大基础。其中桥墩高度情况见表 3-1。

表 3-1 桥墩高度情况

桥墩号	左幅(m)	右幅(m)	墩直径(m)
1 号	25	22.5	1.8
2 号	32	33	2
3 号	33.5	34.5	2
4 号	31.5	34.5	2
5 号	22.5	27	1.8
6 号	12	16	1.8

二、机械配置

临时设施有混凝土搅拌站,主要施工车辆和机具有混凝土搅拌运输车、切割机、弯曲机、电焊机、挖掘机、墩柱翻升模板、装载机。

三、施工工序过程风险控制

(一)施工准备

1. 工序

(1)便道修筑。新建一条临时便道连接 6 号便道和××大桥桥位,临时便道宽 5 m,长 200 m。

(2)施工用水。施工用水采用桥位处小河河水,水量能够满足施工用水需求。

(3)施工用电。大桥(K40+871)设置一台 315 kVA 变压器放置在 0 号台右侧附近,从 K41+040 左侧 800 m 处原有地方高压线将高压电引入。

(4)场地平整。墩柱施工之前应对施工场地合理规划,并且整平、压实,钢筋加工场地应进行硬化。

2. 风险控制策略

本工序的施工风险控制策略:修建便道时,严防作业人员将弃渣弃置在桥位处的小河内;防止无必要安全标志或安全标志设置错误的不安全状态,以免造成交通事故;维修便道时,防止施工地段的两端未正确设置安全警告标志的不安全行为,以免造成车辆伤害或交通事故;严防小河河水水质不符合施工用水的水质要求,以免造成质量缺陷影响结构安全;严防架空高压电线高度不足而造成触电伤害。

(二)测量放样

1. 工序

地系梁凿毛完毕后由测量人员使用全站仪放出墩柱中心点,并由现场技术员进行点位交底。现场技术人员及施工人员根据实地情况及模板工作面宽度在墩柱中心钉水泥钉。

2. 风险控制策略

本工序基本没有安全风险。

(三)墩身钢筋绑扎安装

1. 工序

钢筋在钢筋加工场下料,运至现场加工。墩身主筋除墩顶部分长度根据各墩高而改变外,中间各节主筋长度一般为 9 m，主筋对接采用镦粗直螺纹套筒连接，其他钢筋采用 JH—506 焊条焊接，焊接长度单面焊不小于 $10d$，双面焊不小于 $5d$（d 为钢筋直径）。墩柱的加强钢筋每 2~2.5 m 布置 1 根，耳筋每 2~2.5 m 布置 4 根。每节骨架均应有半成品标志牌，标明墩号、桩号、节号和质量情况等。钢筋笼加工完成后，运至作业面用塔式起重机进行吊装。

钢筋笼保护层必须满足设计图纸和规范要求。保护层垫块采用绑扎混凝土圆饼形垫块，垫块混凝土强度等级与墩柱混凝土强度等级相同，垫块半径大于保护层厚度，中心穿钢筋焊在主筋上，每隔 2 m 左右设一道，每道沿圆周对称设置不小于 4 块垫块。

2. 风险控制策略

本工序的风险控制策略在于：钢筋运送、绑扎过程中，严防作业人员一次多根运送长钢筋，以免脱手造成腿脚伤害；钢筋笼加工时，杜绝作业人员抛掷钢筋的不安全行为，以免造成物体打击伤害；钢筋笼吊装时，严防违章起重作业的不安全行为，以免造成起重伤害。

（四）模板安装

1. 工序

模板采用两个半圆的钢模组合拼装，模板采用钢板在专用模板生产厂家定制。模板采用塔式起重机辅助提升，人工安装。内外模水平接缝及竖向拼缝可做成平口或企缝口，安装时填 3~5 mm 厚橡胶止浆条，以防止多次周转使用变形、翘曲。为保证安装好的模板的稳定性，在顶端从三个方向用钢丝绳进行加固。

2. 风险控制策略

本工序的风险控制策略在于：模板安装时，严防作业人员将手脚伸入模板缝内和模板底端的不安全行为，以免挤伤手脚；模板安装支撑稳固前，严防松手或摘钩的不安全行为，以免模板倾倒造成物体打击伤害；杜绝作业人员攀附在模板上或者模板侧的工作平台上，以免造成高处坠落伤害。

（五）安装脚手架、内外作业平台

1. 工序

桥墩施工前必须搭设支架和工作平台，设置"之"字形人行通道，并安装踏步、踢脚板和栏杆。内侧作业平台是在内模支架顶上安设方木，方木上铺设木板；外侧作业平台在顶面牛腿上铺满方木。施工平台上面铺设 50 mm 厚木板或竹脚手板，以供操作人员作业、行走，并存放小型机具。

（1）脚手架的构造。本工程脚手架采用敞开式双排扣件式单管钢脚手架。钢管杆件：钢管杆件采用 $\phi48\times3.5$ mm，焊接钢管其材质应符合《碳素结构钢》的相应规定。用于立杆、纵向水平杆、剪刀撑和斜杆的钢管长度分别为 4 m、6 m，用于横向水平杆的钢管长度为 2 m、3 m。搭设尺寸为：立杆的纵距为 1.50 m（局部有所调整，但均不应大于 1.50 m），立杆的横距为 1.05 m，立杆的步距为 1.80 m；计算的脚手架为双排脚手架，搭设高度为 H+1 m（H 为该排墩柱高度最大值），立杆采用单立管；内排架距离墩柱外侧长度为 0.50 m；纵向水平杆在上，搭接在横向水平杆上的纵向水平杆根数为 2 根；采用的钢管类型为 $\phi48\times3.5$ mm；横杆与立杆连接方式为单扣件；扣件抗滑承载力系数为 0.80。

1）立杆：脚手架采用双排单立杆，立杆顶端高出墩柱顶高程 1.0 m，立杆接头采用对接扣件连接，立杆与横杆采用直角扣件连接。接头交错布置，两个相邻立杆接头避免出现在同步同跨内，并在高度方向错开的距离不小于 0.5 m；各接头中心距主节点的距离不大于 0.6 m。

2)纵向水平杆:大横杆置于小横杆之上,在立柱的内侧,用直角扣件与立杆扣紧;其长度大于3跨且不小于6 m,同一步纵向水平杆四周要交圈。大横杆采用对接扣件连接,其接头交错布置,不在同步、同跨内。相邻接头水平距离不小于0.5 m,各接头中心距最近主节点的距离不大于0.6 m。

3)横向水平杆:每一立杆与大横杆相交处(即主节点)都必须设置一根小横杆,并采用直角扣件扣紧在大横杆上,该杆轴线偏离主节点的距离不大于150 mm。根据作业层脚手板搭设的需要,可在两立杆之间在等间距设置增设2根横向水平杆,其最大间距不大于0.6 m。

小横杆伸出外排纵向水平杆边缘距离不小于100 mm;伸出里排纵向水平杆距结构外边缘150 mm。上、下层小横杆应在立杆处错开布置,同层的相邻横向水平杆在立杆处相向布置。

4)纵、横向扫地杆:纵向扫地杆采用直角扣件固定在距底座下皮200 mm处的立杆上,横向扫地杆则用直角扣件固定在紧靠纵向扫地杆下方的立柱上。当立杆基础不在同一高度上时,必须将高处的纵向扫地杆向低处延长两跨与立杆固定,高低差不应大于1 m。靠边坡上方的立杆轴线到边坡的距离不应小于500 mm。

5)剪刀撑:本脚手架采用剪刀撑与横向斜撑相结合的方式,随立柱、纵横向水平杆同步搭设,在外侧立面整个长度和高度上连续设置剪刀撑。斜杆与地面的夹角在45°~60°。斜杆相交点处于同一条直线上,并沿架高连续布置。剪刀撑的一根斜杆扣在立柱上,另一根斜杆扣在横向水平杆伸出的端头上,两端分别用旋转扣件固定,在其中间增加2~4个扣结点。所有固定点距主节点距离不大于150 mm。最下部的斜杆与立杆的连接点距地面的高度控制在300 mm内。

剪刀撑的杆件连接采用搭接,其搭接长度≥1 m,并用不少于2个旋转扣件固定,端部扣件盖板的边缘至杆端的距离≥100 mm。

6)脚手板:脚手板采用厚50 mm、宽350~450 mm、长度不少于3.5 m的硬木板。在作业层下部架设一道水平兜网,随作业层上升,同时作业层为1层。脚手板设置在3根横向水平杆上,并在两端80 mm处用直径4 mm的镀锌钢丝箍绕2~3圈固定。当脚手板长度小于2 m时,可采用两根横向水平杆,各杆距接缝的距离均不大于150 mm。靠墩身一侧的脚手板离墩身的距离不应大于150 mm。拐角处两个方向的脚手板应重叠放置,避免出现探头及空挡现象。

7)防护设施:作业层脚手架立杆于0.5 m及1.0 m处设有两道防护栏杆,底部侧面设180 mm高的挡脚板。

(2)脚手架搭设施工工艺。

1)落地式双排脚手架的搭设顺序为:场地平整、夯实→定位浇筑通长混凝土块→纵向扫地杆→立杆→纵向水平杆→剪刀撑。

2)图3-1所示为脚手架场地、基础建设示意。首先进行搭设场地的平整、夯实工作,从墩身主体向外围按照0.3%~0.5%找坡。回填土夯实后,在立杆设置位置浇筑100 mm厚、300 mm宽的混凝土块,沿桥墩外围通长布置,之后在混凝土块上放置槽钢,钢底座上放置立杆,然后按设计的立杆间距进行放线定位,浇筑混凝土块要注意上表面水平。下雨过后要对脚手架架体基础进行全面检查,严禁脚手架基底积水下沉。

在距脚手架外排立杆外0.5 m处,设置一排水沟,排水沟坡度为0.3%~0.5%。在最低点设置积水坑,水流入坑内,用潜水泵将水排出场外。

3)根据构造要求在墩柱外侧用尺量出立杆距墩柱外皮距离,并做好标记。用钢卷尺拉

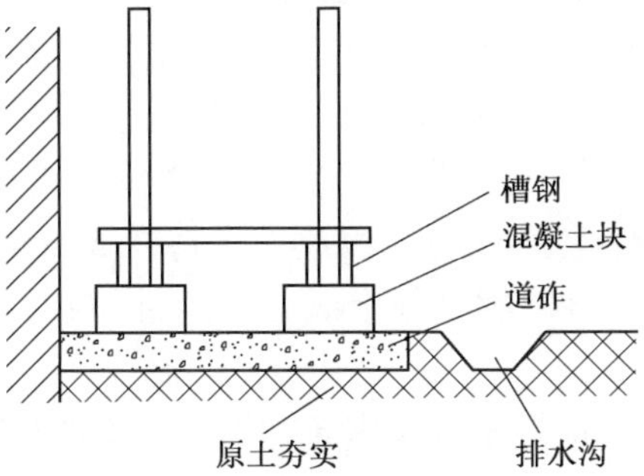

图 3-1　脚手架场地、基础建设示意

直,分出立杆位置,并用白灰点出立杆标记,混凝土块准确浇筑在定位线上,混凝土块浇筑表面一定要平整。沿四周每框架格内设一道斜支撑,拐角处双向增设。钢管搭设根据高度每隔10 m设置横向连杆,与已完成墩柱附着,并且形成框架,增加稳定性。整体脚手架完成后,因整体脚手架超高,为抵抗风载,在两边四个方向打风绳抗载,在计算脚手架荷载时不考虑水平风载。

(3)脚手架拆除施工工艺。拆架程序应遵守由上而下、先搭后拆的原则。一般的拆除顺序为:剪刀撑→纵向水平杆→立杆。

不准分立面拆架或在上下两步同时进行拆架。做到一步一清,一杆一清,拆立杆时,要先抱住立杆再拆开最后两个扣。拆除纵向水平杆、斜撑、剪刀撑时,应先拆中间扣件,然后托住中间,再解端头扣。分段拆除高差不应大于 2 步,如高差大于 2 步,应加设临时支撑防止变形、失稳。当脚手架拆至下部最后一根长钢管的高度(约 6. 5 m)时,应先在适当位置搭临时抛撑加固后再拆除连墙件。

2. 风险控制策略

本工序的风险控制策略在于:严防脚手架地基处理不合格或硬化不到位的不安全状态,以免造成脚手架坍塌事故;严防立杆横距过大、立杆步距过大、扫地杆与地面距离过大等不安全状态,杜绝剪刀撑数量不够、搭设方法错误等不安全状态和不安全行为,以免造成脚手架失稳坍塌;杜绝脚手板探头及空挡现象、严防高处作业防护设施不符合规定,以免使造成施工人员高处坠落伤害;雨后,严防不认真检查脚手架基础的麻痹心态,以免因基础沉降造成脚手架失稳垮塌;因脚手架超高,应严防抗风绳不牢靠的不安全状态,以免使脚手架垮塌;脚手架拆除时,严防拆除顺序错误,以免造成脚手架垮塌;严防抛扔杆件或配件,以免造成物体打击伤害;高处作业时,杜绝不系好安全带的不安全行为,以免发生高处坠落伤害。

(六)灌注混凝土

1. 工序

(1)混凝土浇筑前,应对模板、钢筋及预埋件进行检查,并做好记录,符合设计要求方可浇筑。

(2)混凝土在拌和站集中拌和,罐车运输,泵送入模,采用插入式振捣棒人工振捣,混凝土入模前,检查混凝土的和易性和坍落度。

(3)混凝土浇筑前按每层 300 mm 水平分层、均匀、对称进行补料,并根据混凝土供应情况及时调整补料厚度,尽量在下层混凝土初凝前或重塑前浇筑完上层混凝土。施工人员在内外作业平台上使用 PZ30 或 PZ50 插入式振捣棒振捣,振捣时移动距离保持在振动棒作业半径的 1.5 倍以下,并与侧模保持 50~100 mm 的距离;灌注时做到不欠捣、不漏捣,振捣棒插入下层混凝土 50~100 mm。每一次振捣至混凝土不下沉、不冒气泡、平坦翻浆位置,振完后徐徐拔出振捣棒。振捣过程中不得碰撞模板和其他预埋件,使其产生位移或损伤。

(4)混凝土一次性浇筑高度不超过 6 m,浇筑速度保持在 5 m/h,待浇筑模板与已成段留置模板之间、模板节段之间、模板块件之间必须上满拧紧全部螺栓,缆风绳的设置必须安全可靠并经预拉检验。

(5)翻模前,每节墩顶混凝土面应进行充分凿毛,露出新鲜的混凝土,并冲洗干净,在上节混凝土灌注前,在底节混凝土面浇筑一层 10~20 mm 厚的 1∶1 的水泥净浆。

2. 风险控制策略

本工序的风险控制策略在于:严防灌注速度超速,以免造成爆模事故;使用振捣器振捣混凝土时,严防违章用电的不安全行为,杜绝绝缘不良的不安全状态,以免发生触电伤害;混凝土凿毛时,严防作业人员不佩戴防护眼睛的不安全行为,以免碎屑溅入眼睛造成眼睛伤害。

(七)拆除模板及模板翻升

1. 工序

(1)正常循环时,在第三节段(顶节)混凝土浇筑后养生期间(当第三节段混凝土强度达到 2.5 MPa,第一节段混凝土强度达到设计强度的 75%时),拆除第一节段模板。

(2)拆除后的底节模板利用塔式起重机吊装翻升至第四节段,前一个循环的第三节模板起支撑作用。

2. 风险控制策略

本工序的风险控制策略在于:拆模时,严防不设立警戒区和未禁止非作业人员入内的不安全行为,以免发生物体打击伤害;杜绝模板拆除顺序错误的不安全行为,以免造成模板倒塌伤人事故;杜绝采用起重机械吊拆未松动的模板的不安全行为,以免造成起重伤害;严防作业人员抛扔杆件、配件等不安全行为,以免造成物体打击伤害;杜绝将拆下的模板、构件堆放在脚手架上的不安全行为,以免造成脚手架失稳垮塌。

(八)养生

1. 工序

模板拆除后,墩身混凝土采用在墩身周边包裹土工布并结合喷淋洒水(在底节模板底部周边设置喷淋水管)或采用养护剂的方法进行养生,养生时间不小于 7 d。在混凝土强度小于 2.5 MPa 时,不能施加任何荷载。

2. 风险控制策略

本工序的风险控制策略在于:严防墩顶养生时作业人员不系好安全带的不安全行为,以免造成高处坠落伤害。

第四章　上部结构施工安全技术与风险控制

第一节　预应力混凝土简支箱梁预制及运架安全技术与风险控制

一、箱梁预制

1. 风险分析

(1)由于选址前考虑风险因素不全面或量测不准确,出现制、存梁台座地基承载力不足,周边排水系统不畅,导致地基下沉,影响施工安全。

(2)施工技术人员疏忽大意,制梁模板安装支撑、连接不牢,导致箱梁发生倾覆。

(3)施工人员在施工过程中未按规定在预应力张拉时设防护屏障,导致锚具飞出砸伤作业人员,造成物体打击伤害。

(4)张拉钢筋时使用有裂伤的工具和锚具,可能导致锚具裂块飞出伤人,造成机械伤害。

(5)钢绞线开盘后未设置明显防护,导致钢绞线弹出伤人。钢绞线在下料操作时防护不当,造成机械伤害。

(6)起重机起吊钢筋骨架时,指挥不统一,可能导致骨架坠落砸伤工作人员,造成物体打击伤害。

(7)起吊钢筋骨架时,吊点焊接不牢、起吊绳索强度未能满足起吊要求,可能导致钢筋骨架坠落,造成物体打击伤害。

(8)钢模板翼模外侧空间很小,未设置人行道、栏杆等防护措施,可能导致作业人员坠落。

2. 风险控制重点

在预应力混凝土简支箱梁预制过程中,须重点防范物体打击伤害、高处坠落伤害、机械打击伤害等。

(1)起吊钢筋骨架时,确保指挥统一,以防骨架坠落发生物体打击伤害。

(2)起吊钢筋骨架时,保证焊接质量,以防骨架坠落发生物体打击伤害。

(3)钢绞线开盘后应做好防护屏障,以防钢绞线弹出伤人,发生机械伤害。

(4)钢模板翼模外侧应设置人行道等防护措施,以防高空作业人员坠落。

3. 风险控制技术

(1)选择台座地基时应保证制、存梁台座地基有足够的承载力,必要时应进行地基加固处理。并且台座应有足够的强度、刚度和稳定性,保证梁体不致损坏。

(2)制、存梁台座四周应设有良好的排水系统,确保积水能顺利排出,防止积水浸泡台座发生不均匀沉降或冻胀。

(3)在起吊钢筋骨架前,吊点周围用架立钢筋加强,梁端部底腹板钢筋、顶板钢筋接触网支柱预埋件等部位及钢筋交叉处均应采用点焊加强,保证吊点的强度、刚度。起吊前派专人检查吊点铁链、钢丝绳是否满足起吊要求。

(4)采用两台起重机同时起吊钢筋骨架时,应由一名技术人员统一指挥,确保同步起落和横移,使两台起重机各自分担的起重量不超过其容许的负荷能力,保证起重机安全工作。

(5)钢模板翼模外侧应适当加宽,用于布置人行道和栏杆;两端应设供施工人员上下的扶梯,确保作业人员不致坠落。

(6)混凝土浇筑过程中,应安排负责人经常检查模板,发现螺栓和支撑松动时,及时紧固,防止倾覆。

(7)端模和侧模拆除过程中,应将已拆下的模板支撑固定好,防止模板倒塌伤人。

(8)钢绞线在开盘后应检查其外观,及时纠正钢绞线乱盘和扭结,防止钢绞线弹出伤人。钢绞线下料时应由技术人员使用砂轮机切割,并配置专门防护架,防止下料过程中钢绞线紊乱弹出伤人。

(9)张拉应设置张拉专用工作平台并由施工技术人员进行张拉,平台应有防护屏障,防止钢筋弹出伤人。

(10)张拉区域应设置明显的警示标志,防止非工作人员进入,避免张拉钢筋弹出伤人。

(11)张拉中使用的工具和锚具,在使用前技术人员应对其进行外观检验和探伤检测,已有裂伤者杜绝使用,保证人员安全。

(12)张拉预应力时,应采取防护网、防护墙等安全防护措施,操作人员应站在千斤顶的两侧,防止钢筋弹出伤人。

(13)在箱梁预制施工作业中,管理人员应组织负责人对全程制梁作业进行检查,并认真填写检查记录表。对检查中发现的不符合规定的情况,应签发安全检查整改通知单,限期整改,并跟踪验证,直至合格为止。

二、箱梁移动、存放

1. 风险分析

(1)后张梁在初张拉后移梁时,梁上堆放其他重物,可能导致梁体因受力过大而产生变形。

(2)箱梁进行吊装移动中,各吊点受力不均衡,可能导致梁体坠落砸伤工作人员造成物体打击伤害。

(3)移梁设备的走行道路地基承载力不足,坡度、曲线半径等不能满足移梁设备的走行需求,可能导致设备倾覆,砸伤作业人员。

(4)在大雪、大雨、大雾或风力超过6级时进行施工作业,可能导致作业人员高处坠落或梁体坠落砸伤作业人员,造成物体打击伤害。

(5)作业结束后未将起吊重物卸下,可能导致重物坠落砸伤作业人员,造成物体打击伤害。

(6)双层存梁时,下层梁未完成终张拉,可能导致下层箱梁产生变形。

2. 风险控制重点

在箱梁移动、存放过程中,须重点防范物体打击伤害、高处坠落伤害等。

(1)在箱梁进行吊装移动中,确保各吊点受力均衡,以防箱梁坠落砸伤作业人员,发生物体打击伤害。

(2)移梁作业结束后应将起吊重物卸下,以防重物坠落砸伤作业人员。

(3)在大雪、大雨、大雾或风力超过6级时应停止施工作业,以防作业人员高处坠落。

3. 风险控制技术

(1)箱梁的吊点位置和运输支点的位置应符合设计要求。吊装过程中应采用整体提升装置,保证各吊点受力均衡,防止梁体倾斜、坠落。

(2)后张梁在初张拉后移梁时,梁上严禁堆放其他重物。终张拉后的装车吊运必须在管道压浆达到规定强度后进行,防止损坏管道。

(3)移梁设备的走行道路(轨道)应由专业技术人员进行专门设计、检算,对不能满足承载力要求的地基进行加固处理,保证地基的强度满足设备的走行需要。走行道路(轨道)的宽度、平整度、坡度、曲线半径等应符合移梁设备性能要求。走行道路(轨道)应经常检查维护。

(4)大雨、大雪、大雾或风力超过6级,气温低于设计容许范围时,搬(提)梁机应停止作业,在此恶劣环境下工作极易发生危险。台风来临或风力达到10级以上时,应将搬(提)梁机可靠锚碇,确保搬(提)梁机的稳定性。

(5)停止作业时,应将起吊物卸下,防止吊物下落砸伤作业人员。吊钩应升至规定高度。大、小车停到规定位置,并锚碇运行机构。制动器要保持在工作状态,操纵杆放在空挡,防止人员误操作。关闭所有操作按钮并切断电源,锁住所有操作室及电控柜,并关门上锁。

(6)双层存梁时,确保下层箱梁已完成终张拉,防止箱梁因压力作用而产生变形。

(7)场内移梁和箱梁存放施工作业应派专项负责人进行检查,并认真填写检查记录表。对检查中发现的不符合规定的情况,应签发安全检查整改通知单,限期整改,并跟踪验证直至合格。

三、箱梁运架

1. 风险分析

(1)运架设备通过的便道、桥涵、路基承载力不足且无加固措施,导致运架设备损坏影响施工进度。

(2)由于起重机技术人员指挥不统一或指挥出现误差,在两台起重机起吊重物时,起落和横移不同步,极可能导致重物坠落,危害人身安全。

(3)起落梁时,施工技术人员放置千斤顶的位置不符合设计要求,起落不同步,导致梁体坠落危及人身安全。

(4)架梁作业无防风措施,雨季施工无防雷击措施,冬季施工无防滑措施,可能导致梁体坠落或作业人员坠落。

(5)技术人员未严格按照规定在跨越公路、河道施工时设置防护措施,导致施工掉落物危害车辆或作业人员坠落。

(6)由于管理人员对现场管理不严格或出现漏洞,产生施工现场违章用电等危险因素,造成人员触电伤害。

(7)由于管理人员管理审查不严格,使高处作业人员不按规定佩戴劳动防护用品、酒后或疲劳作业,导致作业人员自身生命安全受到威胁。

2. 风险控制重点

预应力混凝土简支箱梁运架过程中,须重点防范物体打击伤害、雷击伤害、触电伤害、高处坠落伤害。

(1)起落梁作业时,应确保起落、横移同步,防止梁体坠落砸伤作业人员。

（2）架梁作业时，做好防雷、防风等工作，以防人员受到雷击高处坠落等伤害。

（3）在跨越公路、河道架梁时，应做好防护屏障，防止作业人员发生高处坠落、淹溺伤害。

（4）施工现场用电作业时，应严格遵守用电规章制度，防止作业人员触电。

（5）高处作业人员应佩戴劳动防护用品，不得酒后或疲劳作业，防止作业人员高处坠落。

3. 风险控制技术

（1）运架设备通过的便道在使用前应进行专门的勘察设计，通过的桥涵、路基特别是高填方及桥头路基，其承载力经检算合格后方可通过，必要时应采取加强措施，防止因地基承载力不够损坏运架设备。

（2）运梁前，应派专人负责对运梁车经过的道路和已架桥梁进行检查，确定运输线路上无障碍物，用白线划出运梁通道上的中心线及边线，运梁车必须严格按照规定路线行驶，防止运梁车冲出车道发生车辆伤害事故。

（3）运梁路面遇有冰雪或湿滑时，应清除冰雪或采取防滑措施，防止车辆侧翻。

（4）运梁车重载运行时应匀速前进，避免突然加速或急刹车，走行速度必须严格控制在5 km/h以内，运梁车通过弯曲、坡道地段，运行速度应控制在3 km/h以内，防止运梁车翻车。

（5）施工现场风力超过6级时应停止装、运梁作业，避免因风力过大使梁体坠落砸伤作业人员。

（6）所有运、架梁作业人员均应经过安全培训，熟悉运、架梁工艺过程，管理人员应经常组织培训以提升作业人员技能水平。

（7）装梁、架梁过程中应采取“四点起吊，三点平衡”的方式，避免梁体因起吊过程中受力不均匀受扭。

（8）架桥机架梁作业时，确保抗倾覆稳定系数不小于1.3；过孔时，起重小车应位于对稳定最有利的位置，确保抗倾覆稳定系数不小于1.5，防止设备倾覆危害施工人员安全和影响施工进度。

（9）架桥机在高压输电线路下作业时，安全距离不能达到国家有关规定要求的，应编制专项施工方案，并按规定对架桥机和施工人员采取防护措施，架桥机应按规定进行接地。

（10）每架2孔梁后，应对吊梁小车上所有紧固件及连接件等部位进行检查。每架梁约100孔后，应对架桥机主梁结构件连接螺栓、支腿、横梁等部位的连接螺栓及轴销进行检查，防止架梁过程中连接松动出现危险情况。

（11）架梁作业时，施工现场应设防护及警示标志，防止非作业人员进入作业区。作业人员应佩戴安全防护用品，必要时在墩台拴挂安全网，防止高处坠落。水上架梁时，还应配备救生圈、救生衣等防护用品。

（12）落梁时应有专人监视落梁速度和位置，防止速度过快导致梁体坠落砸伤作业人员。

第二节　预应力混凝土简支T梁预制及运架安全技术与风险控制

一、简支T梁预制

1. 风险分析

（1）梁体存放时支垫不牢固，可能导致梁体倾覆。

(2)由于选址前考虑风险因素不全面或量测不准确,出现制、存梁台座地基承载力不足,周边排水系统不畅,导致地基下沉,影响施工安全。

2. 风险控制重点

简支T梁预制过程中,风险控制的重点在于确保制、存梁台座的地基承载力满足要求和周边排水系统的完备,防止梁体倾覆。

3. 风险控制技术

(1)制、存梁台座地基应有足够的承载力,必要时应进行地基加固处理。台座应有足够的强度、刚度和稳定性,确保能承受梁体重量。

(2)制、存梁台座四周应设有良好的排水系统,防止积水浸泡台座发生不均匀沉降或冻胀,确保梁体不发生变形。

(3)梁体存放时应支垫牢固,不得偏斜,防止梁体倾覆。

(4)双层存放时,上下层梁的支垫位置应在同一垂直面上,确保梁体受力均匀。

(5)T梁预制施工作业应按标准进行检查,并认真填写检查记录表。对检查中发现的不符合规定的情况,应签发安全检查整改通知单,限期整改,并跟踪验证直至合格。

二、简支T梁运架

1. 风险分析

(1)架梁设备不按操作规程安装、使用,可能导致架梁设备使用时出现意外情况危害作业人员安全。

(2)起落梁时,梁体两侧无支护措施,可能导致梁体在上升过程中滚动坠落砸伤工作人员,造成物体打击伤害。

(3)使用千斤顶起落梁时违章操作,可能导致梁体坠落砸伤作业人员,造成物体打击伤害。

(4)两台起重机吊梁时,指挥不统一,起落不同步,可能出现梁体左右高度不一致现象,导致梁体倾斜、坠落砸伤作业人员和机械设备。

(5)架梁作业区未按规定设置防护设施,可能出现无关人员随意出入的情况,若架梁作业出现梁体坠落等意外情况,可能会危及人员人身安全。

(6)架梁时,墩台未安装吊篮、步板、梯子等安全防护设施,导致作业人员坠落。

(7)未按规定对电力线路进行检查维护,可能因线路绝缘不良而导致触电、火灾等事故。

(8)架桥机主机对位后,未采取可靠的制动措施,架桥机可能出现错位情况,导致架梁不准确,施工不标准,影响施工进度。

(9)下坡道架梁时运梁车没有可靠的防溜措施,可能出现车辆事故而导致梁体损坏,同时危及人员安全。

(10)架桥机过孔前,梁片未按规定进行横向连接,导致架桥机因梁片间连接不充分,承载力不够而坠落,砸伤作业人员。

(11)横向连接、湿接缝施工时无可靠的工作平台或吊篮,导致作业人员坠落事故。

(12)高处作业人员不按规定佩戴劳动防护用品,可能导致作业人员高处坠落;酒后或疲劳作业,可能因操作失误而出现重大意外事故。

(13)跨越公路、河道施工时无防护措施,可导致施工人员坠落摔伤或发生淹溺事故。

(14)架梁作业无防风措施,可能出现梁体在上升或下落时摇晃等现象,导致梁体坠落砸伤人员;雨季施工无防雷击措施,在高处或用高压电施工时,可能导致工作人员受到雷击;冬季施工无防滑措施,导致工作人员滑倒出现意外。

2. 风险控制重点

简支T梁运架过程中,须重点防范物体打击、高处坠落、触电、淹溺等伤害。

(1)起落梁时,确保两侧有支护措施,以防梁体起落过程中坠落砸伤作业人员。

(2)起落梁时,指挥应统一,确保起落同步,以防梁体坠落。

(3)架梁时,墩台应安装吊篮、步板、梯子等安全防护设施,防止作业人员坠落。

(4)电力线路应定期进行检查维护,避免线路老化出现漏电、不正常工作等情况,以防作业人员触电。

(5)横向连接、湿接缝施工应设置可靠的工作平台或吊篮,以防作业人员施工时坠落。

(6)跨越公路、河道施工时应设置屏障等防护措施,以防作业人员发生高处坠落伤害或淹溺伤害。

(7)架梁作业应采取防风、防雷、防滑等措施,以防作业人员发生高处坠落或触电伤害。

3. 风险控制技术

(1)顶落梁前梁体两侧均应支护,千斤顶安放位置应保证梁顶起后不会歪斜,顶梁部位应在规定的允许悬臂长度范围内,持力点置于梁端重心线上,基础应牢固可靠,防止梁体坠落。

(2)千斤顶顶落梁时,应边顶边垫、边落边撤支垫,使梁的脱空距离保持在20 mm以内,确保梁体下端有支撑不致坠落。

(3)采用两台起重机吊梁时,两端应统一指挥,同时起吊落位保证梁体两端同时起吊不致坠落。梁体上下翼缘应设护铁,确保在上升过程中梁体受到碰撞后不致损坏。

(4)架梁作业区域应设置明显警示标志及必要的安全防护设施,安排专人进行防护,非架梁作业人员不得进入架梁作业区,防止因梁体坠落等意外情况危及人员安全。

(5)架梁时应提前安装墩台吊篮、步板和上下梯子等安全防护设施,确保作业人员在安全的施工环境下工作。

(6)第一片梁架设应安排在白天进行,以便检查机械运转情况。夜间架梁作业应有足够的照明,确保施工、人员安全。

(7)梁体两端就位落梁后,应及时用临时支架撑好梁体两侧,防止梁体倾覆。

(8)施工现场风力超过6级时应停止架梁作业,防止因风力过大梁体发生坠落砸伤工作人员。

(9)通过工程线运输T梁应派人随车监护,出现支撑松动,应停车加固。运梁车接近到位时,走行速度不得大于5 km/h。运梁车到位后,应制动锁定,防止运梁车发生溜车。

(10)梁片起吊装车运输时,确保两端的高差小于30 cm,防止梁体发生滑落。梁片两端应支撑牢固。T梁跨装两个平板车时,必须安装运梁转向架。

(11)架梁作业时,对侵入架桥机设计限界的障碍物应提前排除,避免架桥机碰撞障碍物损坏设备。通过隧道应低速运行,并派专人观察,防止碰撞隧道限界。

(12)应加强架梁线路的养护维修,在不良地段行驶时应降低架桥机运行速度并派人监护。接近桥位时,保证架桥机减速至0.5 km/h,距离桥头100 m处应停车,检查制动系统良好后方可继续前进,并设专人监护对位。主机正确对位后,应立即采取可靠的制动措施。

(13)下坡道架梁时,运梁车应有可靠的防溜措施,架桥机后方安装脱轨器,防止架桥机脱轨。

(14)机动平车运梁前,应进行制动试验,保证其制动状态良好。接近主机时,设专人指挥,保证速度在 0.5 km/h 以下,防止与主机冲撞。对位后,立即放置制动铁鞋。

(15)梁面预铺砟带应均匀,不得偏重,避免梁片各部位受力不均匀。

(16)门式起重机拼装时,应设置缆风绳稳固支撑塔架,防止塔架坠落。桥式起重机走行轨道的两端应设止轮器,避免桥式起重机在两端自由滑动。

(17)门式起重机吊梁时,应先将梁略吊离地面,经检查一切正常后,方可再次提升,防止吊梁过程中梁体坠落。两台门式起重机吊梁升降、横移均应同步,避免一高一低的情况发生。梁体就位并支护稳妥后,方可松钩。

(18)横隔板焊接、横向张拉、压浆、湿接缝施工时,应安设安全可靠的吊篮或工作平台,保证作业人员在安全的环境下进行施工,并且有足够的作业空间。

(19)横隔板焊接质量必须符合设计要求,桥面应有消防设施,防止在焊接时起火后无法抢救。

(20)湿接缝混凝土强度和弹性模量达到设计要求后方可张拉预应力筋。张拉作业平台应设置防护网,防止张拉过程中钢筋弹出伤人。张拉和孔道压浆作业应符合张拉法制梁的有关规定。

(21)桥下应设置安全防护,当桥上作业时,杜绝人员和车辆进入危险区域,防止因施工作业掉落的重物砸伤工作人员。

第三节　桥位制梁安全技术与风险控制

一、支架法制梁

1. 风险分析

(1)大型非标设备的设计、制造、验收等不符合要求,可能导致设备在施工过程中对工作人员造成伤害或影响施工进度。

(2)支架的强度、刚度、稳定性和基础承载力不足、排水不畅,可能导致梁体垮塌。

(3)支架搭设完毕后未进行验收,如果支架不能满足施工设计要求,则施工时极可能导致支架垮塌;未进行支架预压或预压荷载不能满足设计要求,致使支架的承载力不能满足施工要求,也极可能导致支架垮塌、梁体坠落。

(4)移动支架前移没有可靠的限位和制动装置,可能导致支架在移动时不能准确地停在施工位置,影响施工进度。

(5)斜腿刚构拼装时,地锚固定不牢,可能导致支架垮塌。

(6)预应力张拉未设防护屏障,可能导致张拉钢筋弹出伤人,造成物体打击伤害。

2. 风险控制重点

支架法制梁作业过程中,须重点防范物体打击伤害、机械伤害等。

(1)确保支架的强度、刚度、稳定性满足支架施工作业的要求,排水系统应完善,以防梁体发生坠落。

(2)支架搭设完毕后应进行预压,保证支架满足设计要求,以防支架垮塌砸伤作业人员。

(3)斜腿刚构拼装时,应确保地锚固定牢固,以防支架垮塌。

(4)预应力张拉钢筋时应设防护屏障,以防张拉钢筋弹出伤人,造成物体打击伤害。

3. 风险控制技术

(1)支架所用材料应为钢结构,保证其刚度、强度,支架的设计、施工、验收应符合国家有关规定要求。

(2)支架结构应具有足够的强度、刚度和稳定性,保证杆件应力安全系数大于1.3,稳定性安全系数大于1.5。

(3)支架基础必须具有足够的承载力,杜绝出现不均匀沉降,并做好地面的纵向和横向排水处理。软土地基应采取地基加固措施,冻土地基上应采取防胀融措施,保证地基能满足施工要求。

(4)支架应严格按照设计搭设,设置足够的斜撑、剪力撑、缆风绳和落架设施,确保支架的稳定性。且设有施工平台、栏杆、梯子、安全网等防护设施,防止作业人员坠落,保证人员安全。

(5)支架安装完毕后,应对其垂直度、落架设施、部件连接、地锚、缆风绳等进行全面检查,确保施工安全有序进行。

(6)杜绝采用小于1.1倍施工总荷载的荷载对支架进行预压。预压应分级加载,分级卸载,确保消除支架的非弹性变形,并检验支架的稳定性。采用砂袋预压应注意防雨,避免砂袋进水增加重量。

(7)梁体混凝土浇筑过程中,应设专人对支架和基础进行观察和观测,确保不发生较大变形,若变形应立即采取必要措施阻止。

(8)梁体承重模板支架拆除安全风险控制技术:

1)梁底模及支架卸载顺序,应确保按照从梁体挠度最大处的支架节点开始,逐步卸落相邻节点。当达到一定卸落量后,支架方可拆除。

2)模板及支架拆除应遵循先支后拆、后支先拆的顺序,杜绝强拉硬拽,防止支架受力不稳定而垮塌。

3)支架在承重期间,不得随意拆除任何受力杆件,避免支架受力不稳定而垮塌。

(9)支架法制梁施工作业应安排技术人员进行检查,并认真填写检查记录表。对检查中发现的不符合规定的情况,应签发安全检查整改通知单,限期整改,并跟踪验证直至合格。

二、挂篮悬臂浇筑

1. 风险分析

(1)挂篮拼装和拆除作业不符合设计要求,可能导致作业人员在施工时挂篮坠落或拆除时砸伤作业人员。

(2)挂篮锚固不牢,可能导致挂篮坠落或拆除时砸伤作业人员。

(3)挂篮移位无限位装置,致使挂篮可以随意自由移动,可能导致作业人员坠落。

(4)悬臂起重机节段梁拼装后锚固不牢,可能导致梁体坠落砸伤作业人员或损毁机械设备。

(5)移动悬臂起重机无制动装置,可能导致梁体由于惯性而不能及时停在准确位置,影响施工进度或碰撞周围建筑物。

(6)多点顶推、集中顶推时控制手段不统一,可能导致梁体侧向坠落。

2. 风险控制重点

挂篮悬臂浇筑作业过程中,须重点防范高处落物砸伤作业人员造成物体打击伤害及作业人员高处坠落伤害。

(1)挂篮的拼装和拆除应符合要求,确保挂篮锚固质量,以防作业人员高处坠落。

(2)挂篮移位应设置限位装置,确保挂篮不致坠落,以防作业人员高处坠落或挂篮砸伤作业人员。

(3)悬臂起重机节段梁拼装后,应及时锚固并且确保锚固质量,以防梁体垮塌坠落砸伤作业人员。

(4)多点顶推、集中顶推时应确保控制手段统一,以防梁体侧向坠落砸伤作业人员。

3. 风险控制技术

(1)墩顶0号块托架施工时,应对各部件的焊接质量进行重点检查,确保焊接质量,防止托架断裂。

(2)挂篮拼装应对称进行,保证构件及时稳固,联为一体,防止倾覆伤人。

(3)挂篮作业平台应挂安全网,四周设围栏,上下应有专用扶梯,防止人员坠落,保证人员安全。

(4)如需在挂篮上增加设施(如防雨棚、防寒棚、立井架等)时,必须对挂篮的整体稳定性进行检算,不得损害挂篮结构及改变其受力形式,确保挂篮不致坠落。

(5)挂篮现场组拼后,应全面检查其安装质量,并进行载荷试验,以测定挂篮变形量,消除非弹性变形,保证变形量在安全可控范围内。预压过程中如发现局部位置变形过大,应立即停止加载,及时查找原因,采取补救措施。

(6)挂篮拆除应按要求顺序对称拆除,避免因对称两侧受力不均而导致挂篮坠落。

(7)挂篮移位安全控制措施:

1)滑道应铺设平顺,并按要求做好锚固,防止挂篮因移动不平顺而坠落。

2)挂篮移位前应检查走行系统、吊挂系统、模板系统,在保证走行平顺、吊挂牢固、模板规范之后才可进行施工。

3)墩两侧挂篮应对称移位,尾部设制动装置,移动速度应控制在0.1 m/min以内,保证挂篮移动平稳进行。挂篮移动到位后应及时锚固,前吊杆、后锚杆的锚固力应调试均匀,前端限位装置应设置牢固,避免挂篮到位后再发生移动。

4)遇有雷雨、大风、大雾等恶劣天气时,严禁移动挂篮,避免发生雷击等情况。

(8)拆除临时支座时的安全控制措施:

1)设置环墩工作平台及安全爬梯,防止作业人员坠落。

2)作业人员应站在上风处操作,并应佩戴护目镜、口罩等安全防护用品,避免吸入粉尘。

3)桥下应有人员警戒,严禁人、车、船等通过警戒区,防止桥上坠落物砸伤人员或砸坏机械设备。

(9)跨越电气化营业线铁路施工时,必须制定挂篮防电安全方案并由专业防电公司实施,确保作业人员施工用电安全。

(10)挂篮悬臂施工过程中,应加强滑道、主桁节点、锚固、吊挂和模板等系统的日常检查,并注意不平衡力矩的控制,确保施工安全。

(11)挂篮悬臂浇筑施工作业应安排技术人员进行检查,并认真填写检查记录表。对检查中发现的不符合规定的情况,应签发安全检查整改通知单,限期整改,并跟踪验证。

三、移动模架制梁

1. 风险分析

(1)移动模架拼装过程中支腿横向连接不及时,可能由于支腿的承载力无法满足模架的重量,导致模架垮塌,砸伤作业人员或损毁机械设备,影响施工进度。

(2)移动模架部件焊缝开裂未及时发现处理,极易导致模架垮塌,砸伤作业人员。

(3)移动模架上部两侧未设置防护设施,如人行道和栏杆,可能导致作业人员坠落。

(4)风力大于6级时未对模架进行锚固,可能导致模架倾覆,砸伤作业人员造成物体打击伤害。

(5)模架拼装过程中,支腿、主梁、横联未及时进行可靠连接,可能导致模架倾覆砸伤作业人员。

(6)在带电状态下,对移动模架进行拆除可能导致作业人员触电。

(7)移动模架拆除时未对称进行,可能由于整体结构的失衡失稳导致模架倾覆,砸伤作业人员。

2. 风险控制重点

移动模架制梁过程中,须重点防范物体打击伤害、高处坠落伤害、触电伤害。

(1)在移动模架拼装过程中,确保支腿横向连接可靠牢固,防止模架垮塌砸伤作业人员,发生物体打击伤害。

(2)移动模架两侧应设置人行道和栏杆等防护措施,防止作业人员发生高处坠落伤害。

(3)在风力大于6级时应立即停止施工,并对模架进行可靠固定,防止作业人员高处坠落或模架垮塌砸伤作业人员。

(4)在进行移动模架拆除作业时,应确保模架处于不带电状态,防止作业人员发生触电伤害。

(5)在移动模架拆除时,应对称进行拆除作业,防止结构失稳而倾覆,砸伤作业人员。

3. 风险控制技术

(1)移动模架上部两侧应设置人行道和栏杆,在两个端头须增加栏杆,并挂好安全网,保证作业人员有足够的空间施工,防止人员坠落。

(2)风力大于6级时,不得进行移动模架施工作业,所有支腿均应处于锚固和锁定状态,外模板应闭合,避免模架发生倾覆。

(3)移动模架施工时,应设置防护区并设立明显警示标志,防止无关人员进入。

(4)拼装场地地基承载力应符合拼装要求;临时支墩应有足够的强度、刚度和稳定性,防止梁体在桥墩上发生倾覆。

(5)应对桥墩或桩基承台的受力进行检算,必要时采取加强措施,保证桥墩和桩基承台有足够的承载力。

(6)模架拼装过程中,支腿、主梁、横联应及时连接,防止因整体失稳而发生倾覆。

(7)上行式模架后支腿应置于已浇筑梁段腹板中心线上,支承面积应满足模架设计要求,防止箱梁局部受压损坏。拼装完成后,应全面检查各挂架紧固件连接情况,避免连接不牢而发生倾覆。

(8)过孔前及过孔完成后,应检查受力构件的焊缝质量,发现裂纹及时补焊,保证移动模架的完整性。

(9)模架横向开启及合龙过程中,左右两侧模架、同侧移动模架前后端均应保持同步,避免不同步而损坏模架及影响合龙质量。

(10)移动模架拆除应在不带电的状态下进行,防止作业人员触电。

(11)移动模架拆除应对称进行,防止整体结构失衡失稳导致倾覆。

四、连续梁、连续刚构悬臂拼装

1. 风险分析

(1)墩顶梁段与桥墩未进行及时可靠锚固,可能导致梁段坠落砸伤作业人员,造成物体打击伤害。

(2)梁段预制及存梁台座的刚度、强度、稳定性和承载力不足,可能导致梁体发生倾覆。

(3)梁段运输起吊时,未检查吊环、吊点等连接部位,可能导致梁段坠落砸伤作业人员。

(4)移动支架在台后拼装时,路基不平整、承载能力不足,可能导致支架垮塌砸伤作业人员,造成物体打击伤害。

(5)采用吊架法施工合龙段时,两端的连接装置未可靠连接,可能导致梁段坠落砸伤作业人员。

2. 风险控制重点

连续梁、连续刚构悬臂拼装过程中,须重点防范物体打击伤害。

(1)悬臂拼装时墩顶梁段与桥墩应确保进行及时可靠锚固,防止梁段坠落砸伤作业人员。

(2)梁段运输起吊时,应检查吊环、吊点等连接部位连接牢固,以防止梁体坠落砸伤作业人员。

(3)移动支架在台后拼装时,应确保路基平整、承载能力满足拼装要求,防止支架垮塌砸伤作业人员。

3. 风险控制技术

(1)应按设计要求将墩顶梁段与桥墩临时锚固,避免梁段与桥墩连接不牢发生错位,甚至坠落。

(2)梁段预制及存梁台座应保证有足够的刚度、强度、稳定性和承载力,防止梁体发生倾覆。

(3)梁段运输起吊前应进行全面检查,如确保吊环部位无损伤、结合面无突出外露物、梁段上无放置物件等,保证施工安全顺利进行。

(4)梁段装车、装船运输时,应使梁、车(船)的重心相吻合,并安放平稳,防止翻车(船)。支承点的位置与吊点位置一致,梁段与车(船)体应拉紧固定,确保梁体的稳定性。

(5)起重机就位后,应重点对其位置及锚固状态进行检查,并进行起吊试验,确保起重机锚固良好,防止起重机晃动。

(6)同一T构上的梁段应对称拼装。起吊时,在梁段吊离车(船)0.2 m左右停止提升,检查起重设备的工作状态,确认其状态正常后,继续提升,撤走运输车(船)。在接近安装部位时,避免碰撞已安装的梁段和其他作业设施。

(7)移动支架在台后拼装时,路基应平整、坚实、有足够的承载能力,防止支架垮塌砸伤作业人员。

(8)天气突然变化影响作业安全、卷扬机电机过热或其他机械设备出现故障时,应暂停吊运作业,并采取相应的应急避险措施,如更换设备、延迟施工,待一切正常后再施工。

(9)采用吊架法施工合龙段时,两端的连接装置应牢固可靠,吊架应进行全封闭防护,确保合龙段正常合龙。

(10)连续梁、连续刚构悬臂拼装施工作业应安排专业技术人员进行检查,并认真填写检查记录表。对检查中发现的不符合规定的情况,应签发安全检查整改通知单,限期整改,并跟踪验证,确保合格后方可再次施工。

五、连续梁顶推

1. 风险分析

(1)制梁台座的稳定性不足,防、排水系统不完善,可能导致梁体倾覆。

(2)梁体在顶推过程中,台座和墩顶未安装导向装置和千斤顶,可能导致梁体发生偏移甚至坠落,造成物体打击伤害。

(3)多点顶推、集中顶推动力控制手段不统一,同一墩台及各墩顶的顶推设备启动和纵向运行不同步,可能导致梁体坠落。

(4)高处作业未设围栏、安全网、工作平台、栏杆、上下梯子、人行走道等防护设施,可能导致作业人员高处坠落。

(5)料具、设备等使用完毕后直接向下抛掷,可能导致物体打击伤害。

2. 风险控制重点

连续梁顶推过程中,须重点防范物体打击伤害、高处坠落伤害。

(1)确保制梁台座的刚度、强度、稳定性满足施工要求,防止梁体倾覆。

(2)多点顶推、集中顶推动力应有统一的控制手段,同一墩台及各墩顶的顶推设备应同步启动和同步纵向运行,防止因顶推不同步梁体发生坠落。

(3)高处作业应设围栏和安全网,滑道应保持清洁,在墩台顶的下滑道边应设置工作平台、栏杆、上下梯子、人行走道等防护设施,保证作业人员有足够的空间施工,防止人员高处坠落。

(4)使用的料具、设备等应吊运传递,不得向下抛掷。

3. 风险控制技术

(1)制梁台座基础应保证有足够的稳定性,并有完善的防排水设施。

(2)顶推设备的能力应确保大于计算顶推力的2倍。顶推施工所用的机具设备、材料(如拉锚器、工具锚、连接件、油压千斤顶、高压油泵、油管、压力表及滑动装置)使用前,应全面检查,必要时应做试验,防止影响施工作业。

(3)当线路下坡坡度大于1.5%,顶推时要附加制动装置,防止梁体因下滑力过大而滑落。

(4)墩顶应有足够的空间用以更换滑道、安装支座,并应验算其在偏压情况下的结构安全度,防止结构在偏压的情况下发生倾覆。

(5)台座和墩顶应设有导向装置和千斤顶,梁体在顶推过程中不得产生偏移和倾斜,避免梁体坠落。

(6)多点顶推、集中顶推动力应有统一的控制手段,同一墩台及各墩的顶推设备应同步启动和同步纵向运行,防止因顶推不同步梁体发生坠落。采用多点顶推,助顶的顶推力应保持恒定不变。

(7)在顶推梁体时,应及时对导梁、桥墩、临时墩、滑道、梁体位置等进行观测。当梁段偏离较大、导梁杆件变形、螺栓松动、导梁与梁体连接有松动和变形、未压浆的预应力筋锚具松动、牵引拉杆变形、桥墩(临时墩)变形超过计算值、滑道有移动、需要倒顶时应暂停顶推,由相关工作人员解决问题后方可施工,防止梁体坠落、桥梁发生坍塌。

(8)高处作业应设围栏和安全网,滑道应保持清洁,在墩台顶的下滑道边应设置工作平台、栏杆、上下梯子、人行走道等防护设施,保证作业人员有足够的空间施工,防止人员坠落。

(9)上下桥墩和在梁上作业时,应配好扶梯、拴好安全带并配备必需的劳保用品。使用的料具设备等应吊运传递,不得向下抛掷,防止砸伤作业人员。

(10)拆除墩台上的滑动装置和落梁时,应按照设计规定的顺序进行,同一墩台的千斤顶应同步运行,避免梁体一高一低的情况发生。顶落梁时,应有保险设施,确保施工安全。

(11)落梁完毕,当拆除千斤顶及其他设备时,都应事先用绳拴好,防止发生坠落。设备应用起重机吊出,在起吊时应避免撞击梁体。

(12)连续梁顶推施工作业应由技术人员进行检查,并认真填写检查记录表。对检查中发现的不符合规定的情况,应签发安全检查整改通知单,限期整改,保证施工安全。

六、移动支架制架简支箱梁

1. 风险分析

(1)采用轨道运输梁节时,运输轨道不平直或有三角坑,可能导致运梁车发生倾覆。

(2)采用运输车运输梁节时,道路的纵横坡度、平整度、承载力和转弯半径未达到运输要求,可能导致运梁车发生倾覆。

(3)预应力筋张拉时未设置安全网等防护屏障,可能导致作业工具飞出伤人,造成物体打击伤害。

(4)移动支架上未设置稳固脚手板、防护栏杆,下托梁上未绑挂安全网,可能导致作业人员发生高处坠落伤害。

(5)移动支架施工区域未设有明显警示标志,可能出现非施工人员逗留和车辆通行等情况,导致物体打击事故。

2. 风险控制重点

移动支架制架简支箱梁过程中,须重点防范物体打击伤害、高处坠落伤害等。

(1)采用轨道运输梁节时,运输轨道要平直,不得有三角坑,防止因转弯、坑道导致运梁车倾覆。

(2)移动支架上应设稳固脚手板、防护栏杆,下托梁上应绑挂安全网,防止作业人员坠落。

(3)移动支架施工区域应有明显警示标志,非施工人员和车辆不得进入,防止发生物体打击事故。

3. 风险控制技术

(1)移动支架前移时安全控制措施:

1)卷扬机、定滑轮、动滑轮、墩旁托架的锚固应牢固,防止自由移动。

2)滚轮箱导向轮、后支点小车走行轨道位置应正确。

3)两台前移卷扬机应同型号,走行时保持平稳、同步。

4)下托梁打开或闭合时,升、降高度应一致。

5)支架纵移过程中,每个滚轮箱锚固点应固定专人观察,前方墩上应有仪器测控,发现偏移及时纠正,保证施工安全。

6)确保支架抗倾覆稳定系数应大于1.5,防止支架倾覆。

(2)采用轨道运输梁节时,运输轨道要平直,不得有三角坑,防止因转弯、坑道导致梁节掉落。运输轨道应经常维护和保养,确保螺栓不松动,防止运梁车脱轨。

(3)采用运输车运输梁节时,道路的纵横坡度、平整度、承载力和转弯半径必须满足运输要求,防止运梁车发生倾覆。

(4)运梁平车、起重小车、电动或液压卷扬机和支架走行的限位和制动装置应安全可靠,避免因制动不灵敏而导致安全事故。

(5)梁段的组拼安全控制措施:

1)桁吊与梁段的吊环应对正,杜绝斜吊的情况发生。

2)移梁小车走行应慢速、平稳,刹车装置可靠,避免移梁小车发生碰撞或因速度过快导致梁体坠落。

3)梁段调位时,应按照先纵向、再横向、后竖向的次序进行。统一指挥,动作协调,防止梁段歪斜、倾倒。

(6)预应力张拉过程中,伴随梁段起拱应及时调低支撑丝杆的高度或放松吊杆,以减少支架的上托力,避免梁段开裂。

(7)移动支架上应设稳固脚手板、防护栏杆,下托梁上应绑挂安全网,防止作业人员坠落。

(8)移动支架施工区域应有明显警示标志,非施工人员和车辆不得进入,防止发生物体打击事故。

第四节 钢梁架设安全技术与风险控制

一、支架拼装钢梁

1. 风险分析

(1)支架的强度、刚度、稳定性和基础承载力不足,可能发生倾覆砸伤作业人员,造成物体打击伤害。

(2)支架连接、锚固不牢,可能导致支架垮塌砸伤作业人员。

(3)临时设施等未按要求设置栏杆、安全梯、安全网、脚手板等安全防护设施,可能导致作业人员高处坠落。

2. 风险控制重点

支架拼装钢梁过程中,须重点防范物体打击伤害、高处坠落伤害。

(1)确保支架的强度、刚度、稳定性和基础承载力满足施工要求,防止支架倾覆砸伤作业人员。

(2)支架拼装过程中,确保支架连接、锚固牢固,防止支架垮塌砸伤作业人员。

(3)高处作业时应设置栏杆、安全梯、安全网、脚手板等安全防护设施,防止作业人员高处坠落。

3. 风险控制技术

(1)作业用的料具应放置稳妥,小型工具材料应随时放入工具袋,上下传递工具时,严禁抛掷,防止砸伤作业人员。

(2)杆件拼装对孔时,应用冲钉和拼装撬棍的尖端探孔,杜绝使用其他物件和手指探孔。

(3)拼装杆件时,作业人员不得在水平联结系上行走。如必须行走时,应双手扶杆件骑行通过,防止人员发生坠落。

(4)拼装钢梁及紧固高强螺栓时应挂设有栏杆的操作平台,操作平台搭设应牢固,脚手板应固定,防止作业人员坠落,并应有防冻防滑措施。

(5)支架拼装钢梁施工作业应安排技术人员进行检查,并认真填写检查记录表。对检查中发现的不符合规定的情况,应签发安全检查整改通知单,限期整改,并跟踪验证,保证施工安全与施工质量。

二、纵移法架设钢梁

1. 风险分析

(1)钢梁纵移滑道、导梁、临时墩等施工临时设施未经设计检算或未按规定进行验收,可能导致梁体坠落砸伤作业人员,造成物体打击伤害。

(2)在钢梁纵移过程中,指挥不统一,操作不协调,可能导致钢梁坠落砸伤作业人员。

(3)钢梁纵移速度过快,可能导致梁体坠落砸伤作业人员或碰撞其他建筑物。

(4)钢梁纵移到位后,没有及时进行前后支挡或支挡不稳固,可能导致钢梁坠落砸伤作业人员。

2. 风险控制重点

纵移法架设钢梁过程中,须重点防范钢梁坠落砸伤作业人员,发生物体打击伤害。

3. 风险控制技术

(1)上滑道应具有导向功能,避免钢梁脱离滑道。下滑道铺设应平顺,支承牢固,保证接头不错牙,端部应设置限位装置。

(2)在钢梁纵移中,确保统一指挥,信号明确,操作准确、协调,防止钢梁坠落。

(3)钢梁纵移应缓慢平稳,速度控制在 1 m/min 以内;纵移过程中应设专人对纵移设施、设备进行检查,发现异常时,立即处理。

(4)钢梁纵移到位后,前后支挡应稳固。及时转换支承,落梁,防止钢梁发生移动、坠落。

(5)钢梁纵移时,抗倾覆安全系数应大于 1.3,防止发生倾覆。

(6)纵移法架设钢梁施工作业应安排技术人员进行检查,并认真填写检查记录表。对检查中发现的不符合规定的情况,应签发安全检查整改通知单,限期整改,并跟踪验证。

三、浮运法架设钢梁

1. 风险分析

(1)船上承载支架强度、刚度和稳定性不足,支架、船体、钢梁之间连接不牢固或偏载,可能导致船体倾覆。

(2)装船码头承载力、抗冲刷能力不足,可能导致码头倾覆。

(3)水上施工无防护和救生措施,可能导致人员溺水,造成淹溺伤害。

(4)钢梁装船后,未及时与支架捆扎牢固,可能导致钢梁坠落。

(5)浮运架梁未结合水流、风力和载重进行调节压舱水量,可能导致船组发生倾覆。

2. 风险控制重点

浮运法架设钢梁过程中,须重点防范物体打击伤害、船组倾覆、淹溺伤害等。

(1)船上承载支架强度、刚度和稳定性确保满足作业要求,支架、船体、钢梁之间连接应牢固,不得偏载,防止发生倾覆。

(2)水上施工必须确保有防护和救生措施,防止作业人员溺水。

(3)钢梁装船后,应及时与支架捆扎牢固,防止钢梁坠落砸伤作业人员,造成物体打击伤害。

(4)转换支承时,必须确保使两端每个支点同时受力,保证船舶、钢梁稳定,防止发生倾覆。

3. 风险控制技术

(1)钢梁装船码头应具有足够的承载、抗冲刷能力,防止倾覆。

(2)装船前,应清除河道内的障碍物,应进行浮船抽、灌水试验及隔离舱的水压试验。

(3)船上承载支架应进行检算,满足浮运要求,支架与船体应牢固连接,防止支架发生垮塌。

(4)钢梁装船时,必须做到钢梁四个支点同时受力,保证浮船平衡。

(5)钢梁装船后,必须与支架捆扎牢固,防止钢梁坠落砸伤作业人员。

(6)浮船必须设有可靠的锚碇设施,防止浮船自由移动。

(7)浮运架梁应结合水流、风力和载重及时调节压舱水量,保持船组稳定。

(8)转换支承时,必须使两端每个支点同时受力,保证船舶、钢梁稳定。转换支承后,必须支垫牢固。

(9)抽水升船托梁时,钢梁两下弦杆必须同时受力,保证浮船平衡。

(10)浮运法架设钢梁施工作业应安排技术人员进行检查,并认真填写检查记录表。对检查中发现的不符合规定的情况,应签发安全检查整改通知单,限期整改,并跟踪验证。

四、悬臂拼装钢梁

1. 风险分析

(1)悬臂拼装钢梁时平衡梁设计、安装不符合要求,可能导致钢梁坠落砸伤作业人员,造成物体打击伤害。

(2)钢梁自身强度不足,悬臂长度超出规定或悬臂端超载,可能导致钢梁坠落砸伤作业人员。

(3)临时支墩和托架的顶部未安装工作平台、栏杆、扶梯等防护设施,可能导致作业人员高处坠落。

(4)全悬臂拼装采用吊索设备时,吊索锚头与吊索不等强,可能导致吊物坠落砸伤作业人员。

(5)跨中合龙铰处脚手架未设置栏杆、梯步、安全网等防护设施,可能导致作业人员高处坠落。

2. 风险控制重点

悬臂拼装钢梁过程中，须重点防范物体打击伤害、高处坠落伤害等。

(1)钢梁自身强度应符合作业要求，悬臂长度在规定范围内且悬臂端不得超载，防止钢梁坠落砸伤作业人员。

(2)临时支墩和托架的顶部应安装工作平台、栏杆、扶梯等防护设施，防止作业人员高处坠落。

(3)跨中合龙铰处脚手架应设置栏杆、梯步、安全网等防护设施，防止作业人员高处坠落。

3. 风险控制技术

(1)平衡梁与悬拼钢梁的临时联结在不受力的状态下方可拆除，防止发生倾覆。

(2)应进行钢梁最大悬臂状态下的内力检算，确保钢梁在最大悬臂状态下不致坠落。

(3)确保桥上轨道运输车辆行走速度小于 5 km/h，并有良好的制动、止轮设施。

(4)临时支墩和托架的顶部应安装工作平台、栏杆、扶梯等防护设施，防止作业人员坠落。

(5)上下塔架及塔架顶部应做好安全工作(包括随时拉好缆绳，安装止轮器、上下塔架步梯及顶部脚手架平台、栏杆等)。钢梁上弦运输道之间及运输道与上弦杆之间，均应挂满安全网，防止落物砸伤作业人员。

(6)全悬臂拼装采用吊索设备时，吊索锚头与吊索应等强，防止吊物坠落。

(7)跨中合龙铰处脚手架应有栏杆、梯步、安全网等设施，保证人员安全。

(8)需调整钢梁平面、立面时，顶、落钢梁应有专人负责统一指挥，缓慢、平稳地进行，防止两端支点同时起落；调整后，确保支垫牢靠。

(9)体系转换调整支点受力时，并联的油压千斤顶应支垫平稳；在起卸顶时，应对称、平衡起落，并加垫、卸垫，防止发生倾覆。

(10)悬臂拼装钢梁施工作业应安排技术人员行检查，并认真填写检查记录表。对检查中发现的不符合规定的情况，应签发安全检查整改通知单，限期整改，并跟踪验证，确保施工安全与施工质量。

五、钢梁架设

1. 风险分析

(1)钢梁杆件运输、存放和安装过程中不正确使用吊具、杆件捆扎不牢固、不平衡起吊、偏载或超载装运、存放支垫不牢固，均可能导致钢梁坠落砸伤作业人员。

(2)作业料具摆放杂乱、随意；上下抛掷传递工具，可能造成物体打击伤害。

(3)高处作业人员不按规定佩戴劳动防护用品，酒后或疲劳作业，可能导致作业人员高处坠落。

(4)梁上运输车辆走行速度过快或制动、止轮设备性能不足，可能导致运输车辆倾覆。

(5)跨越公路、铁路施工时无防护措施，可能导致重物坠落，危及人员生命安全。

2. 风险控制重点

钢梁架设过程中，须重点防范物体打击伤害、高处坠落伤害。

(1)作业料具应摆放整齐有序，不得上下抛掷传递工具，防止发生物体打击事故。

(2)高处作业人员应佩戴劳动防护用品，不得酒后或疲劳作业，防止作业人员高处坠落。

(3)跨越公路、铁路施工时应设置防护措施，防止重物坠落砸伤作业人员。

3. 风险控制技术

(1)运输和安装应正确使用吊具。装运杆件时,应捆扎牢固,杜绝偏载和超载,防止倾覆。

(2)杆件应分类存放,临时支垫要稳固,防止杆件塌落。横梁、纵梁多片排列存放时,应用螺栓彼此连接牢固,并设支撑,防止倾覆。

(3)预拼场地应确保平坦宽敞,路面坚实,且具有良好的排水系统。预拼台座应平整、坚实,防止产生不均匀下沉。

(4)拼装钢梁的各种电动机械的动力电缆和照明线路应绝缘良好。手持电动工具电源处应加装漏电保护器,防止人员触电。

(5)需要起吊的钢梁杆件应标明重心,避免钢梁起吊时受力不均而坠落。

(6)钢梁架设过程中应有防雷、防滑、防高强螺栓摩擦面污染措施。钢梁桥面应配备足够的消防器材,不得采用明火取暖,防止火灾发生。

(7)风力达到 5 级时,不得进行架梁作业,防止钢梁坠落。在风力达到 4 级时,不得进行涂装作业,确保作业人员不致坠落。

第五节　桥梁支座安装安全技术与风险控制

1. 风险分析

(1)墩顶未设置栏杆、步梯等安全防护设施,可能导致施工人员高处坠落伤害。

(2)在墩顶存放支座时,若支座固定不牢,可能掉落造成物体打击伤害。

(3)使用用电设备时,如果设备绝缘不良或违章用电,可能造成触电伤害。

(4)安装支座时,作业人员如果未系好安全带、安全绳,可能造成高处坠落伤害。

2. 风险控制重点

(1)严防墩顶无栏杆、上下墩台无步梯的不安全状态,以免发生高处坠落伤害。

(2)墩顶存放的支座,严防未对其固定牢靠的不安全状态,以免造成物体打击伤害。

(3)严防违章用电的不安全行为,以免发生触电伤害。

(4)安装支座时,严防人员不系好安全带的不安全行为,以免发生高处坠落伤害。

3. 风险控制技术

(1)吊运支座时,墩顶作业人员应待支座稳定后再扶正就位。

(2)人工抬运支座时,应协调一致,防止挤压手脚。

(3)支座在墩顶存放时,必须固定牢固。

(4)支座安装前,墩顶及支座锚栓孔中的积雪、冰块、积水和其他杂物应清理干净,并采取必要的防滑措施(在冬期尤其应注意这一点)。

(5)简支梁梁体吊装架设前,应先将支座安装在预制梁的底部。上支座板与梁底预埋钢板间不得有空隙。箱梁支座下的灌浆强度达到 20 MPa 后,拧紧下支座板锚栓,并拆除各支座上、下连接钢板及螺栓,再拆除临时千斤顶。

(6)顶落梁所用的油压千斤顶均应附有球形支撑垫、保险圈、升程限孔。

(7)共同作用的多台千斤顶(同步系统无需考虑)应选用同一类型,并用油管并联。油压千斤顶、油泵、油管、压力表等在使用前应分别进行试验。

(8)使用千斤顶顶梁安放支座时,应及时落梁到支座,严禁长时间用千斤顶支承梁体。

(9)顶落梁时,应有保险设施,随着活塞起落及时安放或撤除。两端支点不得同时起落。施顶或纵横移时,应缓慢平稳,各道工序应派专人检查,统一指挥。

(10)连续梁进行体系转换前,必须对支座进行检查。

第六节　某高架桥连续箱梁满堂脚手架现浇施工风险控制范例

一、工程概况

某高架桥起讫里程为 K2+904.000~K6+915.700,全长 4 011.7 m。该桥桥跨组合现浇连续箱梁段有 4 段,分别为:K3+422.57 北京西路十字交叉,K4+224.84 乌鲁木齐西路 T 形交叉,K4+954.80 准葛尔路 T 形交叉,K6+641.63 北环路十字交叉。为保证高架桥下既有道路的交通,在交叉路口处设 31 m+35 m+31 m 一联现浇预应力混凝土连续箱梁跨越主要路口,并在两侧各增设一联 3×30 m 或 3×31 m 现浇预应力混凝土连续箱梁。

全桥一联 31 m+35 m+31m 现浇预应力混凝土连续箱梁共计 4 处,一联 3×30 m 现浇预应力混凝土连续箱梁共计 5 处,一联 3×31 m 现浇预应力混凝土连续箱梁共计 1 处。

二、施工方案与风险控制总体策略

1. 施工方案

现浇连续箱梁采用满堂脚手架(交叉路口处预留通车门洞)现场浇筑施工。满堂脚手架和门洞承力墩采用 $\phi48$、$\delta=3.5$ mm 碗扣式钢管架拼装搭设,门洞过梁采用 I32b 工字钢。箱梁底模采用竹胶板,外模采用定型钢模板,内模用木模与小钢模等组合。钢筋在钢筋加工厂加工,人工现场绑扎成型。现浇箱梁混凝土分两次分层浇筑完成,先浇筑底板与腹板混凝土,再浇筑顶板混凝土。混凝土在混凝土拌和站集中拌制,混凝土罐车运送至现场,37 m 长混凝土汽车泵泵送入模。混凝土由连续梁跨中向两端均匀分层浇筑,人工用 $\phi50$、$\phi30$ 型插入式振捣棒振捣密实。

2. 风险控制总体策略

从工程施工方案来看,风险控制的总体策略为:严防缺少正确必要的检算、承载力不足、搭设顺序错误等而引起支架失稳垮塌;严防高处坠落伤害、物体打击伤害和触电伤害。

三、施工工序过程风险控制

(一)脚手架施工

1. 工序内容

(1)基底处理。利用既有线的沥青路面作为满堂脚手架的基础。路面局部破损处以切缝机方正切割,清除破损带且保证深度不小于 0.2 m,基底平整,然后用 C20 混凝土浇筑至与路面齐平。桥梁基坑按规范要求回填至路面以下 0.2 m 处,再用 C20 混凝土浇筑至与路面齐平。

(2)脚手架施工。脚手架采用 $\phi48$、$\delta=3.5$ mm 碗扣式满堂脚手架。脚手架立杆间距:端横梁、中横梁下顺桥向间距为 0.6 m,其余各向立杆间距均为 0.9 m。每根立杆下均装可调强力底托,利于基础承载,并通过调整底托高度,使横杆水平受力。立杆顶均装可调顶托,便于高程调整、落架等后续工序的施工。横杆步距除最顶层的 2 道为 0.6 m 外,其余均为 1.2 m。为增加支架的刚度和稳定性，纵、横向用 $\phi50$ 钢管，每间隔 5 排立杆，沿支架全高分别设置一排剪刀撑。剪刀撑斜杆与地面夹角控制在 45°~60°，斜杆必须用扣件与立杆连接牢固。

沿桥梁纵轴线方向，在脚手架顶托上布置 150 mm×150 mm 方木，再在其上布设 60 mm×100 mm横向方木，作为箱梁底模的受力骨架。纵向方木间距同脚手架横桥向间距，为 0. 9 m；横向方木间距，横梁下为 0. 2 m，其余均为 0. 35 m。所有方木必须经压刨处理、加工后方可使用；要求方木的两个受力面必须加工平整，厚度均匀、一致。横、纵向方木交叉点用铁钉、扒钉等连接构成受力整体，再铺 18 mm 厚的胶合板（胶合板与方木骨架用铁钉连接）作底模。

（3）支架护拦及楼梯。在所搭设脚手架的顶面，即作业平面左右两边，在施工作业时，为了作业人员的安全，设置护栏。护栏采用钢管扣件连接骨架，挂安全网的方式。

同时，在施工作业时，为了作业人员能方便上下作业平台，设置了一个楼梯，楼梯骨架采用 $\phi48\times2.0$ 钢管，楼梯上的护栏骨架采用钢筋焊接骨架，楼梯踏步采用木板。

2. 风险控制策略

本工序安全风险级别极高，风险控制策略为：严防脚手架基底处理不合格的不安全状态，以免基础沉降造成脚手架坍塌事故；严防混用不同型号的钢管、使用质量不合格的杆配件等不安全行为，以免脚手架失稳垮塌造成重大人员伤亡事故；严防脚手架杆件间距过大，使得杆件失稳失去承载能力进一步导致整个脚手架坍塌；严防违章高处作业，以免造成高处坠落伤害；杜绝上下重叠作业，以免造成物体打击伤害；杜绝脚手架超载、偏载等不安全状态，以免脚手架被压塌；杜绝作业人员抛扔杆配件等不安全行为，以免造成物体打击伤害。

3. 风险控制技术措施

（1）立杆应选用同类管径和壁厚的钢管搭设，严禁不同型号的钢管混合使用，且所有材料均采用国标构件。

（2）在搭设之前，必须对进场的脚手架配件进行严格的检查，禁止使用规格和质量不合格的杆配件。

（3）脚手架的搭设作业，必须在统一指挥下严格按照以下规定执行：

1）按照脚手架施工方案放线、标定立杆位置。

2）从一端向另一端有序地进行搭设，按定位依次竖起立杆，立杆的接长缝要错开布置，将立杆和纵、横向扫地杆连接固定，然后装设第一步的纵向和横向水平杆，校正立杆垂直度之后予以固定，并按此要求继续向上搭设。

3）剪刀撑、斜杆等整体拉结杆件应随搭升的脚手架一起及时设置，纵向扫地杆应采用直角扣件固定在距底座上方不大于 200 mm 处的立杆上，横向扫地杆固定在紧靠纵向扫地杆下方的立杆上。

4）在搭设过程中严格按照设计方案进行，不得随意改变构架设计、减少杆配件设置和对立杆纵距作大于 100 mm 的构架尺寸放大。确有实际情况需要调整时，要经过技术计算。

5）节点应可靠连接，扣件的拧紧程度应控制在扭力矩达到 40~60 N·m。

6）钢管立杆垂直度应≤1/500，且应同时控制其最大垂直度偏差不大于 100 mm。

7）纵向水平杆的水平偏差应≤1/250，且全架长的水平偏差不大于 50 mm。

8）为增加脚手架的稳定性，脚手架每隔 3 跨设置一道纵向和横向斜杆，其与地面夹角为 45°~60°，斜杆底部应撑地。脚手架外侧沿全高设十字剪刀撑，每道剪刀撑与 5~6 根立杆连接。

9）施工人员必须戴安全帽、系安全带、穿防滑鞋。

10)作业层上的施工荷载应符合设计要求,不得偏载、超载,严禁悬挂起重设备。

11)脚手架的搭设要保证横杆的可靠连接,注意脚手架与墩身的可靠连接。脚手架搭设前,一定要计算好脚手架的高度,顶托与底托的调节量,使其在可以调节的范围内。

(二)支座安装

1. 工序内容

(1)支座规格与质量须符合设计要求,支座组装时其底面与顶面的钢垫板必须埋置密实,垫板与支座间平整密贴,支座四周不得有宽 0.3 mm 以上的缝隙,保持清洁。活动支座的聚四氟乙烯板和不锈钢板不得有刮伤、撞伤,氯丁橡胶板块密封在钢盆内,要排除空气,保持紧密。

(2)活动支座安装前应用丙酮或酒精仔细擦洗各滑动面,擦净后在四氟滑板的储油槽内注满硅脂类润滑剂,并注意硅脂清洁。

(3) 支座底板采用锚固螺栓与支承垫石连接,安装锚固螺栓时,其外露螺杆高度不得大于螺母的厚度。现浇箱梁底部预埋的钢板或滑板,应根据浇筑时温度、预应力张拉、混凝土收缩与徐变对梁长的影响,设计相对于设计支承中心的预偏值。

(4)盆式橡胶支座的顶板焊接在梁体底面的预埋钢板上,焊缝采用高度为 6 mm 的角焊缝。

2. 风险控制策略

本工序的风险控制策略为:吊运支座时,严防违章起重作业的不安全行为,以免造成起重伤害;在坡道桥上注硅脂时,严防防滑措施不当、麻痹大意而导致高处坠落伤害或摔伤;杜绝吊运支座时超速、抛扔支座等不安全行为,以免损伤支座。

(三)铺设底模板

1. 工序内容

在满堂脚手架顶托上面纵向分布 150 mm×150 mm 方木,横向分布 60 mm×100 mm 方木,上铺 18 mm 厚的竹胶板底模。方木接头相互交错布置,方木之间调整顶托螺杆高度以保证底模线形。铺设时每块底模间缝隙用双面胶带夹缝纵横连接。底模铺设完成后,清除模板表面外双面胶带,模板表面光滑、平整,确保拼缝质量。在铺设底模前先放置好支座,并在支座位置处根据梁底的楔块尺寸在底模上开孔,在开孔处支立梁底楔块的模板,楔块的底模根据预埋钢板的尺寸开孔,预埋钢板与楔块的底模用高强砂浆密封。报监理工程师检验合格后转序施工。

2. 风险控制策略

本工序的安全风险级别一般,其风险控制策略为:杜绝违章高处作业的不安全行为,以免造成高处坠落伤害;杜绝上下重叠作业的不安全行为,以免造成物体打击伤害。

(四)脚手架静载预压

1. 工序内容

(1)预压荷载。为了检查脚手架的承载力,减少和清除脚手架的非弹性变形及地基的沉降量。在铺设完箱梁底模后,应对全桥脚手架、模板进行预压,预压荷载按箱梁自重荷载的100%考虑。

(2)预压方法。预压采用大型塑料水袋装水加载。预压重量按计算荷载的 50%~100%分两次逐级加载。预压时每跨 3 个断面,每个断面模板上设置 2 个观测点。

(3)预压观测。每天对观测点进行观测 1 次,观测的方法采用水准仪测量,测加载前高程为 Δ_1,加载后高程为 Δ_2,卸载后高程为 Δ_3,加载后观测 7 d,最后 3 d 下沉均小于 5 mm 后,不再观测开始卸载,根据观测结果绘制出沉降曲线。在预压前、后和预压过程中,用仪器随时观测跨中、1/4梁跨位置的变形,并检查脚手架各扣件的受力情况,验证、校核施工预拱度设置值的可靠性和确定脚手架预拱度设置的合理值。

(4)卸载。当观测到最后3 d下沉均小于5 mm后,不再观测开始卸载。卸载完成后,观测脚手架的弹性变形,并绘出荷载–变形曲线,根据此曲线确定最后的预拱度。

(5)脚手架调整。在脚手架预压完成后,重新标定桥梁中心轴线,对箱梁的底模板平面位置进行放样。预压后通过调承托精确调整底模板高程,其高程设定时考虑设置预拱度。预拱度设置要考虑梁自重所产生的拱度,下沉曲线与预拱度叠加,为成型后梁体底模高程。

2. 风险控制策略

本工序的安全风险级别较高,其风险控制策略:严防脚手架预压荷载不准确(例如砂袋称量不准确或称量后淋雨)、加载卸载方法错误等不安全行为,以免造成脚手架坍塌事故;脚手架加载预压过程中,严防观测不及时而发生意外事故。

(五)底板腹板钢筋绑扎、设波纹管预留孔道

1. 工序内容

(1)钢筋检验。钢筋按不同种类、等级、牌号、规格及生产厂家分批验收、分别堆放,不得混杂,且立标牌以示识别。钢筋在运输、储存过程中,应避免锈蚀和污染,并堆置在钢筋棚内。在钢筋进场后,要求提供附有生产厂家对该批钢筋生产的合格证书、标示批号和出厂检验的有关力学性能试验资料。

(2)钢筋制作、绑扎。箱梁钢筋按设计图纸在钢筋加工棚内进行加工;纵向通长钢筋采用双面搭接焊焊接,焊接接头应符合现行《钢筋焊接及验收规程》中的要求。焊接接头不设于最大压力处,并使接头交错排列,受拉区同一焊接接头范围内接头钢筋的面积不得超过该截面钢筋总面积的50%。钢筋布置按设计图纸,在底模上标出钢筋布置的位置然后在底模上先绑扎底板钢筋,待浇筑完底板和腹板混凝土后绑扎顶板及翼板钢筋。

为保证钢筋保护层的厚度,在钢筋与模板间设置触点式塑料垫块,垫块用钢丝与钢筋扎牢,并互相错开布置。

(3)预应力管道及预埋件的安装。在腹板普通钢筋安放基本完成后,对预应力钢材的平面和高度(相对底模板)进行放样,并在钢筋上标出明显的标记。放样完成即进行穿波纹管,波纹管连接处的缝隙应用胶带纸包缠牢固,防止水泥浆渗入。张拉端锚垫板等的预埋,先制作满足设计图纸要求的角度和端头模板,将锚垫板用螺栓固定于端头模板上。预应力管道的埋置位置决定了今后预应力筋的受力及应力分布情况,因此对管道的埋设严格按照设计图纸仔细认真地进行,注意平面和立面的位置,用$\phi12$的钢筋焊成"井"字架夹住管道点焊固定在箍筋及架立筋上。安装时严格逐点检查管道的位置,如发现有不对的地方立即调整。浇筑前检查波纹管的密封性及各接头的牢固性,用灌水法做密封性试验,密封性试验后用高压风把管道内残留的水吹出。

(4)预应力钢绞线的放样、安放。钢绞线下料长度时考虑张拉端的工作长度,下料时,切割口的两侧各50 mm先用铅丝绑扎,然后用切割机切割。下料后在地坪上进行编束,使钢绞线平直,每束内各根钢绞线应编号并顺序摆放,每隔1 m用铅丝编织、合拢捆扎。在波纹管、锚垫板安装完成和钢绞线编束后,即进行钢绞线穿束工作,穿束时注意不捅破波纹管。在安装预应力管道的时候,同时进行预应力钢束的穿束工作,穿束完成后,用间距500 mm的$\phi12$"井"

字定位钢筋将波纹管牢固固定于钢筋骨架上，确保其平面位置和高度准确。当预应力钢筋与普通钢筋有冲突时，可适当挪动普通钢筋或切断，并在其他位置得以恢复。钢绞线外露部分用塑料膜包缠，防止污染。在穿束之前做好以下准备工作：①清除锚头上的各种杂物以及多余的波纹管。②用高压水冲洗孔道。③在干净的水泥地坪上编束，以防钢束受污染。④卷扬机上的钢丝绳要换成新的并要认真检查是否有破损处。⑤在编束前应用专用工具将钢束梳一下，以防钢绞线绞在一起。⑥将钢束端头做成圆锥状，用电焊焊牢，表面要用砂轮修平滑，以防钢束在波纹管接头处引起波纹管翻卷，堵塞孔道。

由于预应力钢束孔道是曲线状，钢绞线较长，采用人工为主、卷扬机为辅的穿束方法。人工穿束困难时，将钢丝绳系在高强钢丝上，人工先将高强钢丝拉过孔道，然后将钢丝绳头用半圆钢环与钢束头经焊接接在一起，开启卷扬机将钢束徐徐拉过孔内，在钢束头进孔道时，人工协助使其顺利入孔。底板腹板钢筋绑扎、设波纹管预留孔道完成自检合格后，报监理工程师检验合格后转序施工。

2. 风险控制策略

本工序的安全风险级别较高，其风险控制策略：钢筋加工时，严防违章操作的不安全行为，以免造成机械伤害，严防用电设备绝缘不良的不安全状态和违章用电的不安全行为，以免造成触电伤害；钢筋堆放时，严防杂乱堆放的不安全行为，尤其要杜绝弯钩朝上等现象；用高压风吹出管道内残留水及使用高压水冲洗孔道时，严防高压风、高压水朝着有人方向，以免造成作业人员的意外伤害；电焊作业时，杜绝违章作业，以免造成触电伤害、灼伤甚至火灾。

（六）腹板和内模制作与安装

1. 工序内容

箱梁外侧模板采用定型钢模板，横梁、内腹模等全部采用小钢模与竹胶板组合。绑扎完腹板钢筋和预应力筋后安装腹板外模和芯模。在底模上标出腹板侧模、内腹模、翼板边线的位置，然后按标定的位置支立模板。两侧外腹板侧模之间顶、底部采用 $\phi16$ 对拉螺栓进行紧固和支撑。施工时保证模板支架的强度与刚度，防止模板变形。

内腹板和横梁模板使用小钢模与竹胶板组合。为保证侧模稳固在箱梁主筋和腹箍筋上，应设置一定数量的定位钢筋。准确确定模板位置，并在箱梁腹板上设置 $\phi10$ 对拉螺栓，以保证模板的结构尺寸和防止变形。内模腹板肋条间距为 400 mm，横向设置上下两道竖向间距为 600 mm 的 $\phi48$ 双钢管。在安装模板时特别注意以下问题：在梁端与横梁位置预应力锚头位置的模板和支座处模板，应按设计要求和支座形状做成规定的角度与形状，并保证锚头位置混凝土面与该处钢绞线的切线垂直。在外露面底、侧面的模板，特别是预应力张拉端模板应按要求安装附着式振动器，以保证混凝土浇筑质量。所有外露面模板涂刷脱模剂，保证模板光洁、严密、不漏浆。所有排气孔、压浆孔、泄水孔的预埋管及桥面泄水管按设计图纸固定到位，预埋件的预埋无遗漏且安装牢固，位置准确。

腹板和内模制作与安装到位，自检合格后，报监理工程师检验合格后转序施工。

2. 风险控制策略

本工序的安全风险级别一般，其风险控制策略为：支立模板时，严防倾倒造成施工人员伤害。

（七）底板和腹板混凝土浇筑

1. 工序内容

混凝土浇筑前应对脚手架、模板和预埋件进行认真检查，清除模板内的杂物，并用清水对模板进行认真冲洗。

混凝土采用强制式搅拌机集中拌制,混凝土罐车运输,混凝土汽车泵泵送入模。底板和腹板混凝土采用斜向分段、水平分层的方法进行浇筑,分段长度为3 m,分层厚度为0.3 m,浇筑从箱梁中部向两端推进。浇筑过程中采用两台泵车在桥的左右侧对称进行,每台泵车配备3台混凝土罐车运输混凝土,以保证混凝土泵车输送的连续性。在浇筑过程中安排各工种检查钢筋、支架及模板的变化,遇到情况应及时处理。

浇筑过程中为防止内模移位,腹板浇筑时采取对称平衡浇筑,腹板使用插入式振捣棒振捣。底板采用插入式振捣棒振捣和平板式振动器振捣配合进行。振捣过程注意不要振破预应力束波纹管道,以防水泥浆堵塞波纹管,浇筑过程中要经常来回地拉动钢绞束的两个端头,防止浇筑时漏浆堵塞管道。在腹板两侧预应力张拉锚固区内1.5 m范围内,预埋U形筋,以加强锚固连接。混凝土浇筑完成后采用土工布覆盖混凝土表面,洒水养护,混凝土洒水养护的时间为7 d,每次洒水以保持混凝土表面经常处于湿润状态为度。

2. 风险控制策略

本工序的安全风险级别较高,其风险控制策略为:严防混凝土泵车超速行驶等不安全行为,以免造成车辆伤害;混凝土振捣时,严防违章用电的不安全行为,杜绝振捣器及电路绝缘不良的不安全状态,以免造成触电伤害。当输送管内尚有10 m长度的混凝土时,严防压缩机快速减压,以免出现大喷爆和伤人。

(八)顶板底模支立

1. 工序内容

当底板、腹板混凝土浇筑3 d后,顶板和底板之间设立纵向间距为0.9 m,横向间距为0.6 m的碗扣式钢管脚手架,脚手架上铺纵横向方木,高程调整好后,铺设顶板竹胶板底模板。考虑梁板浇筑完成后要拆除内模以及顶板钢束的张拉,在支立顶模板时,按照设计要求设置预留人孔,具体尺寸为0.8 m×1.24 m,待混凝土成型后拆除内模且顶板钢束张拉完成后,再进行封堵。

2. 风险控制策略

本工序的安全风险级别较高,其风险控制策略为:支立顶模板时,严防模板翻倒伤人;高处作业时严防安全措施不到位而发生高处坠落伤害,杜绝上下重叠作业而发生物体打击伤害。

(九)顶板、翼板钢筋绑扎

1. 工序内容

顶板钢筋绑扎除按图纸严格施工外,施工工艺和要求按腹板钢筋施工进行。施工时注意预埋件的位置和数量是否正确,并报监理工程师检验。

2. 风险控制策略

本工序的安全风险级别较低,主要是防止人员摔伤。

(十)顶板混凝土浇筑

1. 工序内容

箱梁底板混凝土浇筑后,顶板和翼板混凝土浇筑前,应仔细检查脚手架有无收缩和下沉,并将各顶托调紧。以防止支架下沉导致墩顶支座反力增大,避免墩顶出现负弯矩导致梁顶混凝土裂纹。

箱梁顶板混凝土浇筑前,对接缝严格按照施工缝处理。对其表面凿毛后,用水清洗干净。浇筑前洒水湿润,以保证接缝质量。

混凝土采用强制式搅拌机集中拌制，混凝土罐车运输，汽车泵泵送入模。浇筑从一侧向另一侧推进。在浇筑过程中安排各工种检查钢筋、支架及模板的变化，遇到情况及时处理。顶板采用插入式振捣棒振捣和平板式振动器振捣配合进行，浇筑过程注意顶面平整度的控制。

在混凝土浇筑完成后，在初凝后终凝前，采用人工对顶板表面进行刷毛处理。刷毛时掌握适当时机，先用铁刷将表面浮浆刷掉，然后清扫浮浆，最后用水清洗干净。

在混凝土刷毛完成后，采用棉毡覆盖混凝土表面，洒水养护，混凝土洒水养护的时间为7 d，每次洒水以保持混凝土表面经常处于湿润状态为度。在养护期内，严禁利用桥面体为施工场地或堆放原材料。

2. 风险控制策略

本工序的安全风险级别一般，其风险控制策略为：严防混凝土泵车超速行驶等不安全行为，以免造成车辆伤害；混凝土振捣时，严防违章用电的不安全行为，杜绝振捣器及电路绝缘不良的不安全状态，以免造成触电伤害。当输送管内尚有 10 m 长度的混凝土时，严防压缩机快速减压，以免出现大喷爆和伤人。

（十一）内模和侧模拆除

1. 工序内容

连续梁侧模和内模在混凝土强度达到设计强度的75%后拆除，模板拆除轻拿轻放，严禁野蛮施工，防止对混凝土振动和碰撞，产生破坏。模板拆除以后洒水养护。

2. 风险控制策略

本工序的安全风险级别较高，其风险控制策略为：严防抛扔模板的不安全行为，以免造成物体打击伤害；防止模板撞击混凝土，以免造成结构损坏。

（十二）预应力钢绞线张拉

1. 工序内容

混凝土强度等级达到设计的85%后开始张拉。张拉前应对预应力钢材、锚具、夹具和张拉设备按设计及规范要求进行检验。

张拉采用双控，以张拉应力为主，伸长值进行校核。实际伸长值和理论伸长值差值控制在6%范围以内，否则应暂停张拉，待查明原因并采取措施予以调整后方可继续张拉。

2. 风险控制策略

本工序的安全风险级别较高，其风险控制策略为：切割钢绞线时，杜绝使用电孤焊的不安全行为，以免影响工程结构安全；量测钢绞线伸长值时，严防仍继续进行千斤顶操作的不安全行为，以免造成物体打击伤害；严防高压油管接头无防护套的不安全状态，以防高压喷油伤人；严防千斤顶支架与梁端垫板接触不良的不安全状态，杜绝采用多加垫块的不安全行为，以防支架不稳或受力不均造成倾倒伤人；张拉时，严防千斤顶两端无防护板的不安全状态，以防断丝伤人；杜绝操作人员站在正对千斤顶端面位置的不安全行为，以免造成物体打击伤害。

（十三）压浆及封锚

1. 工序内容

压浆是后张法预应力施工中的最后也是关键的一步，压浆前应对压浆机进行认真检查、标定，用压浆机向管道内注压清水，充分冲洗润湿管道，至全部管道冲洗完毕后，正式拌浆，开始压浆至排水孔喷出纯浆并稳定后封闭排气孔，其后对管道逐渐加压到 0.6 MPa 并持续 5 min 后封闭，关闭压浆嘴。张拉封锚，压浆在 48 h 内完成，封锚前先将锚具周围冲洗干净并凿毛，然后按图纸要求布置钢筋网浇筑封锚混凝土。

2. 风险控制策略

本工序基本没有安全风险级别。

(十四)脚手架和底模的卸落

1. 工序内容

当梁体预应力孔道压浆强度达到设计强度80%以上,并得到监理指示后,进行脚手架卸落和拆除底模。卸架顺序:台、墩处→1/4跨径处→跨中,各次卸落之间应有一定的时间间歇,间歇时须将松动的杆件拧紧,使梁体落实。

2. 风险控制策略

本工序的安全风险级别较高,其风险控制策略为:严防脚手架卸落顺序错误,以防脚手架垮塌伤人;杜绝抛扔物件的不安全行为,以免造成物体打击伤害。

第五章　特殊桥型施工安全技术与风险控制

第一节　拱桥施工安全技术与风险控制

一、拱桥施工风险控制总体策略

拱桥施工大致分为有支架施工和无支架施工,有支架施工主要用于中小跨径、石拱桥和钢筋混凝土拱桥,施工方法包括三种形式即落地支架、拱形支架和移动支架;无支架施工主要应用于大跨径拱桥,施工方法包括转体施工法、缆索吊装施工法和悬臂浇筑施工法。若选址不当、设计不周、施工质量不良、运营维护不到位,极易发生桥毁人亡的重大事故。

拱桥施工风险控制总体策略为:

(1)严防桥位选址不当的严重性错误,以免造成重大经济损失(甚至重建)和人员损失。

(2)严防因缆索吊未按规定进行验收造成的安全事故;杜绝使用缆索吊运送施工人员导致高处坠落事故;严禁因缆索吊操作人员无证上岗错误操作造成的机械伤害事故。

(3)避免支架、拱架的强度、刚度、稳定性和基础承载力不足,以免造成支架塌落。

(4)严防吊装拱肋前不按规定进行试吊导致拱肋坠落,以免造成经济损失甚至砸伤作业人员;避免拱肋吊装时无统一指挥而造成物体打击伤害;防止拱肋及横撑安装时作业料具随手抛掷导致人员受伤。

(5)在拱段起吊时,防止拱段未捆扎牢固或不平衡起吊、超载起吊,以免拱段坠落;严禁两层或多层上下交叉作业,以免上层物体坠落打击下层施工人员;防止吊杆张拉时锚头未连接牢固即松除吊钩或张拉顺序不当造成垮塌事故。

(6)杜绝因高处作业人员不按规定佩戴劳动防护用品,酒后或疲劳作业引发的安全事故。

(7)严禁支架、拱架、墩顶、作业平台等未按规定设置安全防护设施,避免物体和人员坠落。

(8)防止跨越公路、铁路施工时无防护措施从而对施工人员造成车辆伤害;避免水上施工无防护和救生措施造成人员伤亡。

二、钢筋混凝土拱桥施工

1. 风险控制重点

钢筋混凝土拱桥施工,须重点防范起重伤害、机械伤害、物体打击伤害、高处坠落、触电等。

(1)现浇钢筋混凝土拱桥风险控制重点:

1)在拱圈混凝土浇筑时,严防不按设计要求顺序进行加载;对称加载时应及时观测拱架的变形,以免拱圈受力不合理发生不可逆转变形,发生垮塌事故。

2)拱部混凝土未达到设计要求的卸架强度,严禁拆除拱架,以避免发生垮塌;防止拱架不按规定要求卸落,以免拱架发生塌落引发安全事故。

3)采用砂筒卸落拱架时,防止因砂子潮湿或不匀净,泄砂孔及砂筒(箱)与活塞之间的外露面未封闭严密,导致卸落时拱架塌落。

(2)装配式混凝土拱桥风险控制重点:

1)采用卧式浇筑拱节时,严防翻转起吊前不检算拱节强度,以免强度不足导致拱节碎裂。

2)拱节堆放应防止地面上及两层间的支点不在同一垂直线上、临时支垫不牢固等不安全状态,以免拱节坠落发生物体打击伤害。

3)节点支架拼装拱节时,防止拱肋吊装不按设计要求顺序进行;拱节拼装时,防止在装拱节连接不牢固;防止在未设置支撑等安全措施前,就摘除起重吊钩,以免造成起重伤害等事故。

4)无支架拼装拱节时,防止索塔锚固不牢固、塔顶未设风缆固定等不安全状态,以免索塔发生垮塌。

2. 风险控制技术

(1)为了保证吊装安全,吊装前必须认真检查吊装设备,不可带病作业。

(2)作业人员必须戴好安全帽、穿好防滑鞋;在吊装区域内严禁非作业人员入内。

(3)严禁酒后作业;严禁人员在工作区嬉戏、打闹、奔跑。

(4)吊装时,应增强安全意识,严禁疲劳作业。

三、钢筋混凝土系杆拱桥施工

1. 风险控制重点

钢筋混凝土系杆拱桥施工,须重点防范起重伤害、机械伤害、物体打击伤害、高处坠落、触电等。

(1)防止系梁不按设计要求张拉预应力就搭设梁上拱肋支架,以免支架垮塌发生物体打击伤害。

(2)现浇混凝土拱肋及横撑、斜撑混凝土施工时,防止拱肋模板未与支架连接固定、支撑不牢导致模板坠落发生物体打击伤害。

(3)防止拱肋两侧不设置操作平台以及上下步梯,以免发生人员高处坠落。

(4)采用混凝土输送泵浇筑时,严防泵送管道未固定在单独的支架或直接与模板相连,以免泵送管道绊倒作业人员或模板。

(5)吊杆张拉时,严防拱肋顶面不设置步梯和栏杆,以免发生高处坠落事故。

2. 风险控制技术

(1)拱肋支架采用节点支架时,支架间应增加纵、横向连接。

(2)拱肋顶面应设置步梯和栏杆;雨、雪天施工应有防滑措施。

(3)吊杆初张拉、终张拉必须按设计程序进行。

(4)系梁支架必须在吊杆张拉后方可拆除,拆除应按设计顺序进行,设计没有规定的,应从跨中向两侧进行。

四、钢管混凝土系杆拱桥施工

1. 风险控制重点

钢管混凝土系杆拱桥施工,须重点防范起重伤害、机械伤害、物体打击伤害、高处坠落、触电等。

(1)拱肋及风撑安装，防止拱肋节段运输时未用弧形垫木垫实，侧面和前后未用钢丝绳、撑木等固定在运输车上，以免拱肋倾倒和滑落。

(2)工地组拼拱肋节段时，应设必要的临时支撑，节段重量应在起重机的额定起吊能力内，防止超载，以免发生起重伤害。

(3)在拱肋采用满堂式脚手架拼装方式时，严防脚手架上未铺设人行走道和操作平台，未挂设安全网等不安全状态，以免作业人员发生高处坠落。

(4)汽车式起重机桥面吊装拱节时，杜绝作业人员站位在系梁的横隔板或纵向腹板处，以免提升钢管拱肋时碰撞支架，撞伤施工人员造成物体打击伤害。

(5)钢管内混凝土压注时，防止混凝土压注达不到要求，混凝土压注顺序不按设计要求执行，以免钢管涨裂。

(6)压注完毕后，严防没有及时关闭倒流截止阀，以免混凝土冲出伤人。

2. 风险控制技术

(1)拱肋采用节点立柱拼装方式时，柱底应与梁顶固结，柱顶设操作平台，柱间设纵、横向连接系，确保支架的稳定和抗风能力。

(2)连接焊缝探伤检测合格后，方可拆除拱肋支架。

(3)压注时应严格控制泵压和泵速，压注完毕后，应及时关闭倒流截止阀。

五、钢箱系杆拱桥施工

1. 风险控制重点

钢箱系杆拱桥施工，须重点防范起重伤害、机械伤害、物体打击伤害、高处坠落、触电等。

(1)在搭设梁上钢箱拱肋支架时，防止拆除钢箱系梁支架，以免拱肋支架塌落造成物体打击伤害。

(2)钢箱拱肋节段拼接、风撑安装时，严防桥上不设置消防以及通信设施，以免发生火灾。

(3)杜绝作业人员不戴绝缘手套、不穿绝缘靴(鞋)的不安全行为，以免造成触电伤害。

2. 风险控制技术

(1)搭设梁上钢箱拱肋支架时，钢箱系梁支架不得拆除。

(2)桥上必须设置消防、通信设施，并保证其处于良好状态。

(3)桥上作业人员必须穿戴绝缘鞋和手套。

六、钢桁架拱桥施工

1. 风险控制重点

钢桁架拱桥施工，须重点防范起重伤害、机械伤害、物体打击伤害、高处坠落、触电等。

(1)对于钢桁架拱跨中的高支架，严防不进行抗横向脉动风速的稳定检算，以免整体抗风稳定性达不到要求，导致支架垮塌，造成物体打击伤害。

(2)在非工作状态时，防止不收拢吊钩，臂杆与钢梁不固定，以免撞伤作业人员发生物体打击事故。

(3)防止上下弦杆平面两侧不设置防护栏杆，以免作业人员高空坠落。

(4)拼装钢梁上平联时，防止不在两桁上弦节点处加设临时连接杆件、钢丝绳和拴结安全带；严防各墩顶不设防护栏杆、网栅等防护设施，以免发生高空坠落事故。

2. 风险控制技术

(1)上下弦杆平面两侧应设置防护栏杆,栏杆应与弦杆卡固。

(2)爬坡式起重机移动前,牵引起重机爬坡的滑车组和钢丝绳状况应良好,传力节点板固定可靠。移动时,左右同步。前行到位后,前支后锚牢固,变坡机构的销轴穿好。非工作状态时应收拢吊钩,臂杆与钢梁固定。

(3)各墩顶应设有防护栏杆、网栅等防护设施,布置好走道及梯子。

第二节　斜腿刚构桥施工安全技术与风险控制

一、斜腿刚构桥施工风险控制总体策略

(1)斜腿杆件吊装应按计算位置拴吊具,防止杆件与吊具间不设防护垫,以免杆件坠落砸伤作业人员发生物体打击事故。

(2)在斜腿拼装前,严禁不搭设脚手架、不安装栏杆和安全网等不安全行为,以免防护措施不到位造成人员伤亡。

(3)水平拼装时,应防止支架不设在坚固的基础上,以免地基沉陷支架倾覆,造成高空作业人员坠落或砸伤地面作业人员。

(4)斜腿竖直拼装时,防止定位面不设定位销钉,已拼好的杆件未与塔架临时连接等不安全状态,以免杆件坠落伤人。

二、斜腿刚构钢箱梁施工

1. 风险控制重点

斜腿刚构钢箱梁施工,须重点防范起重伤害、机械伤害、物体打击伤害、高处坠落、触电等。

(1)杜绝不按规定佩戴安全带、不穿防滑鞋等不安全行为,以免发生高处坠落。

(2)高处作业时,严防不挂设安全网、不设栏杆等安全防护措施,以免发生高处坠落事故。

(3)作业时,防止上下抛投工具、机件、材料等,以免坠物伤人。

(4)起重作业时,杜绝在起重作业回转半径范围的吊臂下站人,以免造成起重伤害。

2. 风险控制技术

(1)作业人员作业前,必须检验安全带是否损坏,禁止穿拖鞋、皮鞋作业。

(2)作业处必须张挂安全网,周围设置防护栏杆等安全防护措施。

(3)作业面上的易掉物料应及时清理,以防坠物伤人。

(4)工地供电应采用架空线路的方法,场内架设电线应绝缘良好。

三、预应力混凝土斜腿刚构桥施工

1. 风险控制重点

预应力混凝土斜腿刚构桥施工,须重点防范起重伤害、机械伤害、物体打击伤害、高处坠落、触电等。

(1)杜绝不按规定佩戴安全带、不穿防滑鞋等不安全行为,以免发生高处坠落事故。

(2)高处作业时,严防不挂设安全网、不设栏杆等安全防护措施,以免发生高处坠落事故。

(3)作业时,防止上下抛投工具、机件、材料等,以免坠物伤人。

(4)起重作业时,杜绝在起重作业回转半径范围的吊臂下站人,以免造成起重伤害。

2. 风险控制技术

(1)全体作业人员必须佩戴好安全帽。

(2)应经常检验支架的稳定性,检查安全防护网是否牢固。

(3)应检查电线路及插座,防止发生漏电事故。

(4)高空作业人员必须系安全带,防止发生意外。

第三节　斜拉桥施工安全技术与风险控制

一、斜拉桥施工风险控制总体策略

(1)施工现场要有防火措施并备有消防器材,以防止电焊火花溅落在易燃物料上发生火灾。

(2)索塔分节立模浇筑前,应搭好脚手架、扶梯、人行道及护栏,每层脚手架的缝隙处应设置安全网,以免发生高处坠落伤害。

(3)浇筑塔身混凝土,应按规定挂好减速漏斗及保险绳,漏斗上口应堵严,以防碎石掉落伤人。

(4)塔底与桥墩为铰接时,在施工中必须将塔底临时固定。塔身建筑到一定高度后,必须设置缆风。斜缆索全部安装并张拉完成后,方可撤除缆风并恢复铰接。

(5)斜拉桥的塔底与墩固结时,脚手架必须在墩上搭设。当索塔与悬臂段同时交错施工,并分层浇筑索塔时,脚手架不得妨碍索塔的摆动。

(6)施工期间,应与当地气象站建立联系,密切注意天气变化,遇大风、雷雨时,应立即停止作业。高处作业,其风力应根据作业高处的实际风力确定。如未设风力测定仪,可按当地天气预报数值推测作业高处的风力。

(7)随着索塔升高(到 20 m 以上,或高度虽不足 20 m 的索塔,但在郊区或平原区施工或附近无高大建筑物提供防雷保护时)防雷电设施必须相应跟上,避雷系统未完善前,不得开工。

(8)缆索的制作与安装作业风险控制内容:

1)缆索施工时,不得撞伤锚头。锚头发生移位时,不得用铁锤强击复位。

2)缆索的防护层,不得有折损或磨伤,否则应在修补后安装,或做标记,安装后修补。

3)悬索桥的主索及斜拉桥的斜缆索,应进行破断力试验,其破断力应满足设计要求。

4)锚具、套筒应用超声波或射线探伤仪检查,内部有损伤者,不得使用。

5)主索及斜缆索顶张拉时,应选择适当场地,埋设足够强度的地锚;并在张拉台前设置防护墙。对张拉设备,应严格检查,以确保安全。

6)锚具和孔道在未封口前,应临时予以防护,以防雨水侵入和锚头被撞击。

7)斜拉桥的斜拉索如为工地自行制作时,还要做到:编束时,应用梳形板梳编,每 1.5~2.0 m 段用钢丝绑扎,防止扭曲;制成的斜拉索应架空放置,严防在地面上拖拉或硬性弯折,同时,应进行预拉以检查冷铸锚,测定每索钢丝拉力、延伸和回缩;测定的钢索测力仪的读数,应在张拉时校核。

8)采用成品斜拉索时,应做到:放索时,应有制动设施,并防止卷盘的缆索自由散开时造成伤害;放开展平的缆索应防止在地面上拖磨;锚头应加设防护,防止碰撞;缆索应保持顺直,不得扭曲。

(9)缆索套管内采用压注水泥浆防护时,水泥浆应从下往上压入。索塔超过 50 m 时,应分段向上压注,以防灌注压力过大,套管破裂伤人。

(10)钢叠合梁与钢筋混凝土叠合梁施工时,主要风险控制内容如下:

1)成品钢构件应编号成套,对号存放,防止损坏变形。

2)起吊前,应了解所吊构件的质量、重心位置,以采取相适应的起吊方法。

3)构件组拼前应进行全面检查,如有缺陷、变形,应在组拼前加以校正。

4)钢构件组拼时,必须用足够的定位冲钉来定位。钢构件全部插入高强螺栓后,方可松除吊钩。

二、斜拉索施工

(一)基本风险控制

1. 风险控制重点

斜拉索施工在斜拉桥修建过程中的风险级别较高,常因为斜拉索施工作业人员酒后操作、不按规定佩戴安全器具、违规使用机械等不安全行为,极易发生高处坠落、物体打击、机械伤害、淹溺等事故。

(1)杜绝不按规定佩戴安全防护用具的不安全行为,以免发生物体打击、淹溺事故。

(2)斜拉索桥面展开时,严禁操作人员距离索体太近,以防斜拉索在扭力作用下翻转伤人。

(3)遇恶劣天气时,应杜绝拉索高处作业,以防发生高处坠落事故。

2. 风险控制技术

(1)斜拉索桥面展开时,操作人员要与索体保持 1 m 以上的距离。

(2)在不良气候条件下,如暴雨或风力达 6 级及以上时,应停止斜拉索高处作业。

(3)不得采用钢丝绳等硬性绳索捆绑、提吊斜拉索。严禁放索展开时使用钢丝绳等硬质吊具扣吊拉索。

(4)当桥塔较高时,应采用斜拉索牵引装置牵引。严禁直接牵引索体。

(二)斜拉索运输与吊装

1. 风险控制重点

(1)运输斜拉索时,放索船上所垫模板须正确放置,以防索船因放索变化重心不稳,造成颠簸倾斜。

(2)防止挂索过程中没有及时检查钢丝绳、滑车、卷扬机等起吊设备,以免起吊时发生事故。

2. 风险控制技术

(1)运输斜拉索时,索盘架在船上放置应垫模板,保持放索船的平衡,防止索船随放索变化而偏心倾覆。

(2)挂索过程中应有专门人员经常检查钢丝绳、滑车、卷扬机等起吊设备的完好程度,保证吊装安全。

(三)斜拉索牵引

1. 风险控制重点

斜拉索牵引过程中,须重点防范机械伤害、物体打击伤害等。

(1)放索时注意控制斜拉索的摆动,防止放索小车翻倒,以免损伤斜拉索及伤及作业人员。

(2)在张拉开始前,应在千斤顶工具夹片外表涂润滑油脂,以防止钢绞线束发生扭绞现象。

(3)张拉时,千斤顶应安装悬吊或支垫保险措施,以免千斤顶掉落伤人;张拉油管接头采用防护套,以免喷油伤及人员。

2. 风险控制技术

(1)放索限位架由螺栓连接于放索机尾部,放索时注意控制斜拉索的摆动,防止放索小车翻倒,损伤斜拉索及伤及作业人员。

(2)千斤顶工作过程中应安排专人严密注意夹片是否松开,以便及时停机。

(3)电工、机械修理工必须在现场待命,随叫随到,确保及时排除电器及机械故障。

(4)起重用钢丝绳应符合规定,吊具建议采用大直径纤维绳。

(四)斜拉索挂设

1. 风险控制重点

斜拉索挂设过程中,须重点防范机械伤害、物体打击伤害等。

(1)压索时,严禁工作人员距离斜拉索过近,以免夹片滑松而导致斜拉索回弹伤人。

(2)杜绝塔肢内未按要求配备灭火器、违章动火或吸烟,以防发生火灾。

(3)严禁桥面卷扬机性能不良,仍继续使用,以免发生机械伤害。

2. 风险控制技术

(1)在挂边跨合龙桥面压索时,人员应远离斜拉索,防止因夹片滑松,导致斜拉索回弹伤人。

(2)塔框内禁止吸烟,不准在塔框内放置易燃易爆物品;塔肢内照明和油泵张拉用电,必须安好漏电保护装置。

(3)桥面挂篮压索前应检查桥面卷扬机的性能,其锚固绳卡是否松动,钢丝绳是否断丝,钢丝绳走向是否与其他物体相摩擦。

(4)压索前,检查张拉机构是否正常,连接丝杆与斜拉索应顺直,严禁使用变形和受损的连接杆作业。

三、斜拉桥桥塔施工

1. 风险控制重点

斜拉桥桥塔施工属高处作业,极易发生高处坠落、物体打击、淹溺等重大事故。对于高处作业的人员须重点防止其不按规定佩戴安全防护用具的不安全行为。

(1)严禁高塔施工人员未体检(血压、血糖、恐高)就进行高处作业,以防发生高处坠落、淹溺事故。

(2)防止高处作业随意放置、抛掷工具和物料,以免物体坠落砸伤作业人员。

(3)孔道灌浆作业时,操作人员应戴好防护眼镜,以防水泥浆喷出伤及操作人员的脸部和眼睛。

(4)严禁在一个物件上拴挂多根安全带或一根安全带上拴多个人,以免发生集体坠落事故。

(5)立体交叉作业时,防止在同一竖直方向上下同时操作,以免上层物体坠落影响或砸伤下层作业人员。

2. 风险控制技术

(1)高塔施工人员都必须进行健康检查,凡患有高血压、心脏病、低血糖、恐高症等高处作业禁忌症的,不得进行高处作业。

(2)高处作业所需的工具,应放在工具包内,材料及小型设备应临时加固,严禁上下抛掷工具及物件。

(3)桥塔施工人员必须系安全带,安全带应挂在牢固的物件上。严禁在一个物件上拴挂多根安全带或一根安全带上拴多个人。

(4)立体交叉作业时,不得在同一竖直方向上下同时操作。下层作业的位置,必须处于依上层高度确定的可能坠落半径范围之外。

四、斜拉桥加劲梁施工

1. 风险控制重点

斜拉桥加劲梁施工,须重点防范发生倾覆、物体打击、机械伤害等事故。

(1)严防挂篮后端未设置保险装置,以免发生倾覆。

(2)桥塔施工人员严禁向下抛物,以免伤及桥下人员。

(3)张拉时,应搭设必要的作业平台,临空作业挂设安全带,施工人员不得站在千斤顶的正后方,对顶时要注意防止挤伤手指。

2. 风险控制技术

(1)挂篮走行,必须保持同步,后端设置保险装置,防止倾覆。

(2)挂篮平台、桁架上严禁堆放重物,特别是缘板悬臂端部位。

(3)桥塔施工人员严禁向下抛物。

(4)张拉时,施工人员不得站在千斤顶的正后方,应站在侧面。

五、斜拉桥转体施工

1. 风险控制重点

斜拉桥转体施工,须重点防范转体前未检查各关键部位,如塔梁固结点、上转盘、塔柱锚固区、球铰等部位;转动体系、锚固体系和动力体系在施工期间未按规定进行检查维护;转动场地、设施及设备未进行试运转等相关内容。

2. 风险控制技术

(1)严禁人员酒后或带病高处作业。

(2)转体前平转场地、设施及设备必须进行试运转。

(3)在风力达到5级及以上应停止施工,并做好高处设备的紧固,防止坠落。

第四节　悬索桥施工安全技术与风险控制

一、悬索桥施工风险控制总体策略

悬索桥施工过程中需要进行的风险控制除参考斜拉桥施工外，还需进行如下风险控制：

(1)悬索桥施工中，临时架设的工作索、牵引索安装完毕后，应对索具、吊具等进行全面、仔细的检查。索夹如采用高强螺栓旋紧时，螺栓的拧合扭矩，应先经试验确定。索夹下的吊杆承受全部荷载时，索夹应与主索连接紧密，不得在主索上向下滑移。为防止主索磨损，可在索夹与主索之间垫物隔离。施工中使用的吊篮、平台等应具有足够的强度，设置的防护围栏高度不得小于1.2 m。索塔应设置上下扶梯和塔顶作业平台。索鞍的安装应保证位置准确。

(2)悬索桥采取重力式锚碇时，对锚碇体的施工，应按照有关安全规定浇筑混凝土或砌体工程。锚碇体必须达到坚实牢固；采用山硐式锚碇时，对锚硐的开凿及爆破工程，应按有关凿岩及《爆破安全规程》要求施工。

(3)悬索桥安装加劲桁构(梁)时，风险控制的重点：

1)利用主索吊装加劲桁构(梁)构件时，应在平台上进行组拼。组拼后，利用主索吊运到位，与索夹、吊杆同时安装。施工前，应检查机具设备是否完好。吊装时，应按照有关吊装的安全规定作业。

2)加劲桁构(梁)的吊装，宜从跨中向两岸进行。索夹与吊杆应配合加劲桁构(梁)，同时安装，不得先安装索夹或吊杆。

3)索塔下端为固结时，索鞍将逐步向河心偏移，施工中，应对索鞍偏移量进行观测和控制，防止超过设计允许偏斜量而影响塔架的安全。

4)索塔下端为铰接时，应按设计监测，并控制索塔的偏斜量。

(4)斜拉桥、悬索桥在施工中应配备水上救护船。

二、悬索桥锚碇施工

(一)悬索桥锚碇基坑开挖与混凝土灌注作业

1. 风险控制重点

悬索桥锚碇基坑开挖与混凝土灌注时，须重点防范掩埋事故、机械伤害、物体打击伤害等。

(1)基坑开挖过程中必须采取周密的防范措施，防止基坑外沿周边不设护栏和防护网，以免误伤行人。

(2)吊送材料和模板时，杜绝吊物下方站人或通行，以免发生物体打击伤害。

(3)锚碇开挖边缘严禁堆放物料，以免导致边坡滑塌。

(4)混凝土运输车下料口应用土工布设置一道布帘，以防砂石冲出料斗伤人，发生物体打击伤害。

(5)锚碇开挖时，应在每个土方吊运点设置一层防护棚，以防土方坍塌伤人。

2. 风险控制技术

(1)吊送材料和模板时，吊物下方不得站人及通行。

(2)锚碇开挖边缘严禁堆放物料。

(3)锚碇施工人员应穿反光背心,施工过程中尽量避开土方吊运点。

(4)吊运土方的起重机钢丝绳、吊钩等应每班检查,以防发生机械故障事故。

(二)悬索桥锚碇锚固系统安装

1. 风险控制重点

悬索桥锚碇锚固系统安装,须重点防范触电、物体打击伤害、高处坠落等。

(1)锚管支架搭设,应杜绝施工人员不佩戴安全带、安全帽、不穿防滑鞋等不安全行为,以免导致意外伤害。

(2)防止模板对拉螺杆未锁紧、螺母露杆长度不满足要求、对拉螺杆斜拉、模板之间及模板底部漏浆等不安全状态,以免模板倾翻、漏浆等事故对作业人员造成伤害。

(3)高处作业时,防止将组件、工具乱堆乱放,支架或工作平台上堆放的物品应放置牢固,防止超重或滑落,以免造成物体打击伤害。

(4)搬运组件、部件时要注意附近有无障碍物、架空电线和其他临时电气设备,防止部件、钢束在移动过程中碰撞电线或发生触电事故。

2. 风险控制技术

(1)安装作业前对锚管定位架、模板系统、型钢支架进行安全检查。

(2)施工临时照明及机电设备的电源线应绝缘良好,不得直接架设在支架或模板上,应用绝缘支撑物使电线与组合钢模板隔离,防止线路漏电。

(3)多人共同操作或扛抬预埋钢束、锚头时,要密切配合,协调一致,相互呼应。

(4)起吊组件、部件、钢束时下方禁止站人,必须待骨架降到距安装面 1 m 以下才能靠近,就位支撑好方可摘钩。

(5)起吊部件、组件时,规格必须统一,禁止长短参差不齐,禁止一点起吊。

(6)高处作业时,不得将部件、组件、钢束集中堆在支架和脚手板上,也不得把工具、钢箍、短钢筋随意放在脚手板上。

三、悬索桥桥塔施工

(一)悬索桥桥塔施工电梯安装和调试

1. 风险控制重点

悬索桥桥塔施工电梯安装和调试过程中,应重点防范物体打击伤害、高处坠落、触电、违规操作等。

(1)杜绝利用施工电梯的井架、横竖支撑牵拉缆绳、标语和其他与电梯无关的物品,以免物体坠落造成物体打击伤害。

(2)放钢丝绳和吊升轨道时,严禁下方站人,以免高处物体掉落砸伤作业人员。

(3)打膨胀螺栓时,杜绝作业人员不佩戴安全防护用品;防止戴手套持榔头、上下交叉作业等不安全行为,以免发生物体打击伤害。

(4)轨道调整时,应走楼梯,严禁爬脚手架上下,以免发生高处坠落。

2. 风险控制技术

(1)严禁利用施工电梯的井架、横竖支撑牵拉缆绳、标语和其他与电梯无关的物品。

(2)打膨胀螺栓前人员应站立好(位置)、系好安全带、戴好防护眼镜,手持(不得戴手套)榔头,不得上下交叉作业。

(3)导轨安装过程中,立轨道应统一行动、密切配合,指挥信号应清晰明确,吊升轨道时其下方不得站人,并应设专人随层进行监护。

(4)轨道调整时,人员上下必须走梯道,严禁爬脚手架。

(5)井道安全防护门在梯门系统正式安装完毕前严禁拆除。

(6)安装井道内运行设备过程中,应使用溜绳将配重框架放入井道内,吊装时,井道内不得站人;吊装上梁、轿顶等重物时必须捆绑牢固,倒链操作人员严禁站立于重物下方;放钢丝绳时,严禁站在钢丝绳盘线圈内作业,手脚应远离导向物体。

(7)在井道内进行线槽及钢管安装时,物件应随用随取,不得大量堆于脚手板上;使用电钻时严禁戴手套。

(8)电梯调试过程中,慢车运行之前、快车准备及运行(试车)均须具备相关条件。

(9)施工电梯安装完毕后必须经有关人员检查验收合格后方可投入使用,作业人员不得擅自提前使用。

(二)悬索桥桥塔施工电梯使用

1. 风险控制重点

悬索桥桥塔施工电梯使用过程中,须重点防范违规操作、超载等。

(1)杜绝电梯司机无证上岗,酒后作业;电梯运行中,司机擅离操作岗位;电梯带病工作等,以免因误操作造成电梯发生故障。

(2)施工电梯每班首次运行前,防止未试运行检查电梯工作性能,以免因故障影响施工。

(3)杜绝电梯超载作业,以免发生电梯故障。

(4)防止在遭遇恶劣天气、机械发生故障未排除、钢丝绳断丝磨损超过报废标准等情况时,仍继续使用电梯,以免电梯发生故障引发重大安全事故。

2. 风险控制技术

(1)电梯司机必须持证上岗,严禁酒后作业。

(2)严禁利用施工电梯的井架、横竖支撑牵拉缆绳、标语和其他与电梯无关的物品。

(3)施工电梯每班首次运行前,必须空载及满载试运行,以检查电梯的工作性能。

(4)严禁操作电梯超载作业。

(5)电梯运行至最上层和最下层时应操纵按钮,严禁以行程限位开关自动碰撞的方法停机。

(6)双笼电梯当一只梯笼在进行笼外保养或检修时,另一只梯笼不得运行。

(7)电梯运行中,司机不准有妨碍电梯运行的动作,不得离开操作岗位,应随时观察电梯各部声响、温度、气味和外来障碍物等,发现异常应及时停机检查处理,故障未排除严禁运行电梯。

(三)悬索桥桥塔施工电梯维修与拆除作业

1. 风险控制重点

在悬索桥桥塔施工电梯维修与拆除作业时,须重点防范物体打击伤害、高处坠落伤害等。

(1)在梯笼下面作业时,防止未用枕木支撑牢固,以免梯笼掉落造成物体打击伤害。

(2)拆卸和维修人员在井架上作业时,杜绝未穿好防滑鞋、未系好安全带等不安全行为,以免发生高处坠落事故。

(3)拆卸时,严禁抛投传递工具和器件,以免发生物体打击伤害。

(4)严禁双手操作扳手紧固或松开螺栓,以免发生高处坠落事故。

2. 风险控制技术

(1)在梯笼下面作业时,必须用枕木支撑牢固。

(2)拆卸作业时必须有专人统一指挥,作业区上方及地面 10 m 范围内划为警戒区并设专人监护。

(3)恶劣天气如大雨、大雾或风力 6 级及以上,不得进行拆卸作业。

(4)拆卸和维修人员在井架上作业时,必须穿防滑鞋、系安全带,不得以投掷方式传递工具和器件;紧固或松开螺栓时,严禁双手操作。

(四)悬索桥桥塔滑模施工

1. 风险控制重点

悬索桥桥塔滑模施工,须重点防范机械伤害、物体打击伤害等。

(1)严防操作平台四周防护栏杆和安全网缺失,平台板间有空隙等不安全状态,以免作业人员发生高处坠落事故。

(2)严禁操作平台上多人聚集一处,以免平台倾覆造成高处坠落。

(3)杜绝抛扔拆下的模板、设备与机具及配件等不安全行为,以免砸伤作业人员造成物体打击伤害。

2. 风险控制技术

(1)操作平台四周要有防护栏杆和安全网,平台板铺设不得留间隙。

(2)操作平台上不得多人聚集一处,下班时应清扫和整理好料具。

(3)模板拆除应均衡对称,拆下的模板、设备与机具及配件应用绳索吊放,不得投扔。

(五)悬索桥桥塔翻模安装施工

1. 风险控制重点

悬索桥桥塔翻模安装施工,须重点防范高处坠落、物体打击伤害等。

(1)高处作业人员严禁攀登翻模或绳索上下,以免高处坠落。

(2)高处支模时,防止乱堆乱放钢模板,操作工具不得随意放置,以免造成物体打击伤害。

(3)当吊装大块钢模板时,防止大块钢模板脱钩前未固定可靠,以免发生起重伤害。

2. 风险控制技术

(1)必须在接受技术人员关于翻模安装的安全技术交底后,方可进行翻模的安装作业,安装作业应严格按照技术交底执行。

(2)高处作业人员应通过斜道或施工电梯上下通行,严禁攀登翻模或绳索上下。

(3)高处支模时,不得乱堆乱放钢模板。

(4)支模过程中如遇中途停歇,应将已就位的钢模板或支承件连接牢固,不得架空浮搁。

(5)操作工具要放入工具袋,不便放入工具袋的应放在稳妥的地方。

(6)严禁用塔式起重机提升爬架。

(7)严禁两块大模板同时提升。

(8)吊装大块钢模板时,大块钢模板必须固定可靠后方可脱钩。

(六)悬索桥桥塔翻模拆除

1. 风险控制重点

悬索桥桥塔翻模拆除作业时,须重点防范起重伤害、物体打击伤害、高处坠落伤害等。

(1)高处作业人员严禁攀登翻模或绳索上下,以免发生高处坠落事故。

(2)防止翻模拆除顺序错误,以免模具掉落造成物体打击伤害。

(3)防止用钩扣住模板吊环,急速吊运模板,以免发生起重伤害。

2. 风险控制技术

(1)必须在接受技术人员关于翻模拆除的安全技术交底后,方可进行翻模的拆除作业,拆除作业应严格按照技术交底执行。

(2)一般应先拆除侧模,后拆底模;先拆非承重部分,后拆承重部分。

(3)拆除现场散拼的模板,一般应逐块拆卸,不得成片松扣撬落或拉倒。拆下的钢模板,严禁向下抛掷,应用溜槽或绳索系下,上下传递时,要互相接应,防止伤及人员。

(4)检查索具,用卸甲(严禁用钩)扣住模板吊环,用塔式起重机轻轻吊紧,并在两端用绳拉紧,防止转动,然后抽去顶杆,吊运时稳运、稳落,防止大模板大幅度晃动、碰撞造成倒塌事故。

(5)起吊时,应采用吊环和安全吊钩,卸甲不得斜牵起吊,严禁操作人员随模板起落。

(6)拆除模架过程中,须有专人把守警戒。

(7)操作人员的操作工具要随手放入工具袋,不便放入工具袋的应放在稳妥的地方。

(七)悬索桥主索鞍与散索鞍门架安装与检查

1. 风险控制重点

悬索桥主索鞍与散索鞍门架安装与检查过程中,须重点防范物体打击伤害、起重伤害、机械伤害等。

(1)安装主横梁、天车时,应使用麻绳作导向定位,待吊至要求高度并确认稳定后,作业人员方可上去操作,防止吊运时碰撞架体引发起重伤害。

(2)防止高处作业人员不按规定系好安全带,垂直交叉作业,正下方有人停留或通过;使用的工具、构件、零星物料必须放稳固,防止高处坠物伤人,发生物体打击伤害。

2. 风险控制技术

(1)安装作业前,作业人员必须接受施工队、作业班组的安全技术交底,并明白施工的工作内容及相关的安全技术要求。

(2)门架架体安装时,要设置缆风绳或斜支撑固定,然后焊接牢固,检查安全可靠后才可松放钢丝绳。

(3)安装完毕进行空载试验前,风力不得大于6级。

(4)主索鞍、散索鞍门架未经验收或验收不合格,禁止投入使用。

(八)悬索桥主索鞍与散索鞍门架操作

1. 风险控制重点

悬索桥主索鞍与散索鞍门架操作过程中,须重点防范起重伤害、高处坠落、违规作业等。

(1)杜绝酒后作业、无证上岗等不安全行为,以免误操作造成起重伤害。

(2)起重区域一定范围内严防非作业人员通行,以免发生物体打击伤害。

(3)杜绝起重物下方站人、重物起吊时人员上下吊架的不安全行为,以免发生物体高处坠落或作业人员高处坠落事故。

2. 风险控制技术

(1)操作人员身体不适时不能进行开机操作。

(2)作业时,人员应严格遵守施工劳动纪律,禁止酒后作业,作业时要集中精神,操作过程中严禁做与工作无关的事情(如看书报、接听手机、听音乐等)。

(3)起重区域内严禁非作业人员通行。

(4)起重物下方严禁站人,重物起吊时严禁人员上下吊架,重物起吊时不准进行检修和调整机件。

(5)遇有6级及以上大风、台风、暴雨、打雷、暴雪等天气,不得进行起吊作业。

(6)吊架及机电系统在试吊前及每次吊重前,均需进行相关检查。

(7)维修保养时,应将所有的控制开关拨至零位,切断主电源,并在闸箱处挂“禁止合闸”标志,必要时设专人监护。

(九)悬索桥主索鞍与散索鞍门架拆除作业

1. 风险控制重点

悬索桥主索鞍与散索鞍门架拆除作业时,须重点防范起重伤害、物体打击伤害等。

(1)严防拆除作业不按规定流程拆除,无人指挥作业,以免门架塌落造成物体打击伤害。

(2)杜绝作业人员不按安全规定穿戴好个人劳动保护用品,以免发生物体打击伤害或者高处坠落。

2. 风险控制技术

(1)拆除主索鞍、散索鞍前,参加作业的人员须接受安全技术交底培训。

(2)拆除主索鞍、散索鞍时,有专人指挥作业,并划分警戒区和做好监护工作。

(3)门架拆除作业应在白天进行,夜间作业应有良好的照明。因故中断拆除作业时,应采取临时稳固措施。

四、主缆架设

(一)悬索桥先导索过江(海)施工

1. 风险控制重点

悬索桥先导索过江(海)施工,须重点防范淹溺、高处坠落、车辆伤害、物体打击等事故。

(1)杜绝驾驶员疲劳驾驶、酒后作业、违章作业等不安全行为,以免导致车辆伤害。

(2)严防作业人员未佩戴好安全防护用品,以免人员高处坠落发生淹溺事故。

(3)严防上方的施工用具掉落,以免造成施工人员物体打击。

2. 风险控制技术

(1)作业人员精神状况应良好,穿好救生衣、系好安全带、扎好安全绳、扣好安全帽,穿防滑鞋,佩戴必要的通信工具、作业工具。

(2)在主塔瞭望与观察的人员及卷扬机操作人员,必须注意高处上下的安全及站立位置的安全。

(3)现场指挥员的身体条件须符合相关要求,作业前严禁喝酒。

(二)悬索桥猫道系统施工作业

1. 风险控制重点

悬索桥猫道系统施工作业过程中,须重点防范淹溺、高处坠落、物体打击等事故。

(1)严防作业人员未佩戴好安全防护用品,以免人员高处坠落发生淹溺事故。

(2)防止猫道网块之间没有扎紧扎好,以免作业人员高处坠落。

(3)安装吊索前,防止底网缺口未临时封闭,以免发生高处坠落事故。

2. 风险控制技术

(1)每天作业前,负责人必须对定点的机械设备进行例行检查和专项点检(如卷扬机的制动系统、临时用电等),发现问题应及时检修或停机处理,不得强行作业。

(2)在船上作业的施工人员应穿好救生衣,在塔上工作的人员应系好安全带、安全绳,临边作业的人员要密切留意下方有无作业人员,时刻防范高处坠物的发生;船上作业、塔顶作业的人员要密切关注天气条件的变化,发现有风力加速、大雨、台风来临征兆时,作业班班长必须随时做好撤离安排。

(3)猫道需要安装吊索时,在未安装吊索前应将剪裁的底网缺口用临时网块做临时封闭;在安装好吊索后,应用尼龙网或其他网块将吊索安装处不严密的底网缺口封堵。

(三)悬索桥大吨位无级调速卷扬机(主缆架设用)汽车式起重机安装施工

1. 风险控制重点

悬索桥大吨位无级调速卷扬机(主缆架设用)汽车式起重机安装施工过程中,须重点防范起重伤害、高处坠落伤害、物体打击伤害、触电事故等。

(1)吊装施工时,严防吊装作业下方站立作业人员,以免高处吊件坠落伤人。

(2)高处作业人员应时刻注意脚下和四周,以免作业时被磕、绊、钩、挂等,发生高处坠落事故。

(3)防止高处作业人员抛接工具,以免导致物体打击伤害。

(4)杜绝雷雨天气施工作业,以免发生雷击或触电伤害。

2. 风险控制技术

(1)安装卷扬机的底座时,应使用导向索进行导向定位,待吊至要求高度并确认稳定后,作业人员才可上去操作。

(2)高处作业人员应按规定系好安全带,不得垂直交叉作业,正下方不得有人停留或通过;使用的工具、构件、零星物料必须放稳固,防止高处坠物伤人。

(3)在斜坡或较滑的坡面作业时,必须清理坡面的泥砂、杂物,指挥员、操作人员的站立必须稳妥,防止作业过程中出现人员滑倒、碰伤事故。

(4)卷扬机安装好后应做空载、额定荷载、超载试验。试验前应特别注意风力不得大于6级。

(5)卷扬机未经验收合格或未经验收,禁止投入使用。

(四)悬索桥主缆架设

1. 风险控制重点

悬索桥主缆架设过程中,须重点防范高处坠落事故、物体打击伤害、起重伤害、淹溺事故等。

(1)杜绝作业人员未戴好安全帽、未系好安全带、未穿防滑鞋等不安全行为,以免发生高处坠落。

(2)严防人员在猫道上作业前站立不稳固,被猫道上遗留杂物、材料及工具绊倒,以免发生人员高处坠落。

(3)交叉作业时防止未采取隔离措施,以免发生物体打击伤害。

(4)吊装施工时,严防吊装作业下方站立作业人员,以免吊件坠落伤人。

2. 风险控制技术

(1)作业人员必须佩戴好安全帽、安全带、防滑鞋、工具包等安全防护用品。

(2)每天在作业前,机械设备负责人须对所管机械设备进行例行检查和专项点检,发现问题及时检修或停机处理,不得强行作业。

(3)施工人员必须要稳固站立在猫道后方能进行作业。

(4)在主缆索股架设过程中,应随时关注天气状况的变化,如出现雷雨、大风等天气应立即停工,人员撤离猫道。

(5)每次高处作业必须做到"工完场清",不得遗留杂物、材料及工具。

(6)作业人员必须严格按照指挥员的指令进行作业,严禁违章作业和擅自施工。

(7)高处固定点的作业人员必须按照高处作业的安全要求挂好安全带,严禁在猫道上奔跑和跳跃。

(8)严禁在猫道上进行电焊作业。

(五)悬索桥主缆紧缆施工

1. 风险控制重点

悬索桥主缆紧缆施工过程中,须重点防范物体打击伤害、起重伤害、高处坠落、淹溺事故等。

(1)防止紧缆机液压绞车钢丝绳受力较大,使用时间较长,以免因磨损过大而导致事故。

(2)主缆紧缆过程中,防止人员在猫道上奔跑和跳跃,以免因站立不稳而导致高处坠落。

2. 风险控制技术

(1)主缆紧缆机每使用4 h后,必须停机保养半小时。

(2)施工人员必须要稳固站立在猫道后方能进行作业。

(3)在主缆紧缆过程中,出现雷雨大风等灾害性天气征兆时,应立即停止作业,并妥善处理好紧缆机以及主缆与猫道的临时固定后人员随即撤离猫道。

(4)每次高处作业必须做到"工完场清",不得遗留杂物、材料及工具。

(5)严禁在猫道上奔跑和跳跃。

(6)在猫道上严禁进行电焊作业,防止猫道绳索受伤,影响猫道的使用安全。

(六)悬索桥主缆索夹与吊索施工

1. 风险控制重点

悬索桥主缆索夹与吊索施工时,须重点防范物体打击伤害、起重伤害、触电、淹溺事故等。

(1)杜绝不按规定佩戴安全防护用品的不安全行为,以免发生高处坠落导致淹溺事故。

(2)吊装施工时,严防吊装作业下方站立作业人员,以免高处吊件坠落伤人。

(3)施工人员必须佩戴工具包,在施工时必须注意其匹配件的使用,以防止配件、工具掉落或掉入江中,造成下方作业人员的意外伤害或坠物砸伤船只、损坏设备机具。

2. 风险控制技术

(1)作业人员在施工前必须佩戴安全防护用品,如安全帽、安全带、防滑鞋,需要使用工具的作业人员还必须佩戴工具包。

(2)在整个施工过程中要求保护好吊索,不得损伤吊索。吊索的展开、下放过程中,必须按照施工要求,保证吊索的安全及周围作业人员的安全。

(3)在猫道上严禁进行电焊作业。

(4)索夹及吊索安装过程中,要求施工人员必须配备工具包。

(5)所有施工人员均需在岗位上进行交接班,禁止离岗交接。

(6)严禁在恶劣的气候条件下进行索夹、吊索安装施工作业。

(七)悬索桥主缆缠丝施工

1. 风险控制重点

悬索桥主缆缠丝施工时,须重点防范高处坠落、机械伤害、物体打击伤害等。

(1)缠丝机跨越索夹时,施工人员应确认索夹下方猫道是否有洞,以免人员踩空跌落或物件坠落,导致人员高处坠落或物体打击事故的发生。

(2)严防猫道上乱堆乱放杂物或材料,以免绊倒作业人员导致高处坠落。

(3)防止施工机械在维修保养过程中产生的废水、废渣、废油等随意排放,造成环境污染,导致施工人员的意外伤害。

2. 风险控制技术

(1)缠丝机跨越索夹时,施工人员应要注意索夹下方猫道是否有洞。

(2)缠丝机在索夹倾角大于8°的主缆上时,要求施工人员必须遵守主机与夹持架均不能同时松开手拉葫芦保险的规定。

(3)缠丝机主机与夹持架安装就位后,施工人员不得同时松开夹持瓦。

(4)在雨(雪)天、大雾天气、潮湿天气不得进行缠丝作业。

(5)应及时清理猫道上的材料及杂物,且不得随手乱丢乱放。

(6)严禁随意拆除猫道反挂钢丝绳,缠丝经过猫道反挂钢丝绳后应立即恢复。

(八)悬索桥天顶索安装与使用施工

1. 风险控制重点

悬索桥天顶索安装与使用施工过程中,须重点防范物体打击伤害、高处坠落、淹溺事故等。

(1)作业前,防止未对施工设备进行检查,防止设备带病使用,以免设备故障影响施工安全。

(2)天顶索安装时,应严格控制焊机的使用,防止焊弧损坏钢丝或电流导通,以免对猫道造成不良影响。

(3)严防在天顶索上随意挂设物品和重物,以免高处物体坠落伤人。

2. 风险控制技术

(1)作业前,应对使用的施工设备、机具进行安全检查,对主要的零部件详细检查,发现异常立即进行妥善处理。

(2)作业过程中,应随时注意天气变化,遇到突然袭来的暴风雨、台风或雾霾,作业人员应立即向现场施工主管请示,在做好安全保障措施的前提下,停止安装作业。

(3)放索时索体应贴在特制的滚轮上拖拉,并应控制索盘的转速。

(4)天顶索牵引到对岸时,必须将绳索固定好(或临时固定),防止滑移。

(5)在天顶索安装过程中,猫道上站立的作业人员应密切注意周围是否存放有不必要的物品。

(6)发现天顶索有碰伤、压伤、绞伤,必须立即停用。

(7)严禁在天顶索上挂设物品和重物。

五、梁体与桥面板施工

(一)悬索桥缆载起重机安装

1. 风险控制重点

悬索桥缆载起重机安装过程中,须重点防范物体打击伤害、高处坠落事故、淹溺事故等。

(1)高处作业时,严防工具随意放置,任意乱置或向下丢弃拆卸下的物件及余料、废料,抛掷传递物件等不安全行为,以免物体高处坠落伤人。

(2)雨天和雪天进行高处作业时,严防无防滑、防寒和防冻措施,以免导致高处坠落事故。

(3)遇到恶劣天气如雷雨、大风、暴雨时,杜绝在猫道上进行作业的行为,以免发生高处坠落。

2. 风险控制技术

(1)特种作业人员必须持证上岗,严禁无证操作和违章作业。

(2)施工人员必须佩戴好安全带、安全帽,穿轻便防滑鞋。施工作业场所所有有坠落可能的物件,应一律先行撤除或加以固定。

(3)高处作业时,工具应随手放入工具袋;作业中的走道、通道板和登高用具,应随时清扫干净;拆卸下的物件及余料、废料均应及时清理运走,不得任意乱置或向下丢弃。传递物件禁止抛掷。

(4)雨天和雪天进行高处作业时,必须采取可靠的防滑、防寒和防冻措施。凡是有水、冰、霜、雪的,均应及时清除。

(5)遇有6级及以上强风、浓雾等恶劣天气,不得进行攀登与悬空(高处)安装作业。

(6)严禁在猫道上进行电焊作业。

(7)作业班间交接班必须在岗位进行,禁止离岗交接。

(8)施工过程遇到恶劣天气(如雷雨、大风、暴雨)时,必须停止猫道上的一切工作,做好主缆与猫道的临时固定工作。

(二)悬索桥缆载起重机试吊施工

1. 风险控制重点

悬索桥缆载起重机试吊施工过程中,须重点防范高处坠落、淹溺、起重伤害等。

(1)防止试吊起吊时吊点不合理,以免吊物发生倾斜坠落伤人。

(2)杜绝水上吊装作业的人员不穿救生衣的不安全行为,以免人员落水发生淹溺事故。

(3)严防在猫道上进行电焊作业,以免猫道绳索受伤,影响猫道的使用安全。

(4)防止在恶劣天气时仍继续作业,以免发生高处坠落。

2. 风险控制技术

(1)缆载起重机试吊起吊时,要做到吊点合理,防止单方向倾侧;吊点提升高度足够后必须立即停止起升。

(2)水上吊装作业的人员必须穿救生衣。

(3)在施工过程中突然出现大风、暴雨、雷电天气时,应立即停止作业,施工人员在撤离前必须妥善处理好手头上的工作,确认安全无误或临时措施得当后方可离开。

(4)严禁在猫道上电焊作业。

（三）悬索桥缆载起重机使用

1. 风险控制重点

悬索桥缆载起重机使用过程中，须重点防范起重伤害、物体打击伤害、高处坠落伤害、触电事故等。

（1）严禁缆索式起重机运送人员上下班或进行其他作业，以免发生起重伤害或高处坠落事故。

（2）杜绝缆索式起重机司机酒后作业、疲劳作业；杜绝高处作业人员酒后作业，以免操作失误发生事故。

（3）杜绝拆卸千斤绳时下方站人，以免高处坠物伤人。

（4）严禁使用破损的电线和电缆，以免设备漏电导致触电事故。

2. 风险控制技术

（1）缆索跨越公路、铁路等既有障碍物时，应搭设架空支架，并拉好支架风缆。

（2）除正常检修和维护保养外，严禁使用缆索式起重机运送人员上下班或进行其他作业。

（3）严禁缆索式起重机司机酒后作业、疲劳作业。

（4）起吊时先要检查钢丝绳、卸扣等起重设施，确保安全牢固。

（四）悬索桥钢箱梁吊装施工

1. 风险控制重点

悬索桥钢箱梁吊装施工过程中，须重点防范高处坠落、物体打击伤害、起重伤害、淹溺事故等。

（1）杜绝作业人员未佩戴安全带、穿好防滑绝缘鞋等不安全行为，以免作业时用力过猛、身体失衡，导致人员高处坠落。

（2）交叉作业时，防止中间未采取隔离措施，以免落物造成物体打击伤害。

（3）吊装作业时，杜绝吊装作业区下方站立施工人员，以免发生物体坠落伤人。

2. 风险控制技术

（1）施工作业场所所有有坠落可能的物件，应一律先行撤除或加以固定；在同一立体范围内，严禁上下交叉作业。

（2）高处焊接作业人员，除了佩戴安全带、安全帽之外，还必须穿防滑绝缘鞋、戴绝缘防护手套；临边作业的人员必须检查作业场所的安全防护栏、安全网等安全设施的可靠性；水上吊装作业的人员必须穿戴救生衣等。

（3）严禁在猫道上进行电焊作业。

（4）作业班组交接班必须在岗位进行，禁止离岗交接。

（5）施工过程遇到突然袭来的雷雨、大风、暴雨等恶劣天气时，必须立即停止猫道上的一切工作，并做好紧缆机以及主缆与猫道的临时固定工作，作业班长应在撤离前做好安全检查，确认无误后方可离开。

（6）钢箱梁吊装过程中，在猫道上或端梁段应划定作业区域，设置专人把守，与吊装作业无关的人员一律不准进入作业区域。

（五）悬索桥钢桁加劲梁（桥面板）拼装与安装

1. 风险控制重点

悬索桥钢桁加劲梁（桥面板）拼装与安装过程中，须重点防范高处坠落、物体打击事故、淹溺事故等。

(1)防止在恶劣天气条件下进行桥梁拼装作业,防止重叠作业,以免桥面板坠落伤人。

(2)杜绝在猫道上施工作业时随意放置工具、高空抛物等不安全行为,以免发生物体打击伤害。

(3)严防违规使用机械设备、无证上岗等不安全行为,以免发生机械伤害。

2. 风险控制技术

(1)恶劣天气及夜间无照明时应停止拼装作业;不得在同一垂直方向上下同时作业;在距离高压线 10 m 区域内无特殊安全防护措施时禁止作业。

(2)在猫道上施工作业必须使用工具箱,所有工具在使用完毕后必须放入工具箱内。严禁高空抛物。

(3)拼装所用机械设备要严格按照操作规程进行作业,严禁违规操作,所有操作人员必须持证上岗。

(4)桥面起重机在拼装好后必须进行试吊。桥面起重机在吊装作业前要对其动力系统、制动装置、吊具、锚固系统等进行全面的检查,经检查符合作业要求后才能进行安装作业。

(5)钢桁加劲梁在合龙前属于悬浮体,因此,安装施工必须在无风或风速小于 10 m/s(低于 6 级风)的情况下进行。

第五节　斜拉桥施工风险控制范例

一、工程概况

(一)工程简介

六合新城龙池路跨滁河大桥及其连接线工程西起金穗大道,东至规划西陈路,道路全长为 1 100 m(其中有两座桥梁,龙池路跨滁河大桥桥梁长度为 661 m,毛营河桥长度为 20 m),道路宽度为 40 m。

六合新城龙池路跨滁河大桥共分为 6 联,跨径组合为:(3×30 m)(A1 联)+(3×30 m)(A2 联)+(31 m+54 m+31 m)(A3 联)+(100 m+85 m)(A4 联)+(3×30 m)(A5 联)+(3×30 m)(A6 联)= 661 m。其中 A4 联为主桥(采用独拱塔双索面斜拉桥),A1 联、A2 联、A5 联、A6 联为引桥(采用等截面连续箱梁桥),A3 联为引桥(采用变截面连续箱梁桥)。

本桥主桥采用椭圆形钢箱混凝土塔柱空间双索面斜拉桥,墩塔梁固结体系。100 m 跨索距采用 5 m,85 m 跨索距采用 4 m。

(二)桥型概况

1. 主塔

斜拉桥塔柱采用钢箱混凝土结构,单个截面横桥向宽度为 3 m,纵桥向截面宽度塔顶为 4. 5m、桥面处为 6. 5 m、承台顶为 7 m,外包钢板厚 20 mm,内填充 C50 微膨胀混凝土,斜拉索采用 $\phi 7$ 的平行钢丝,冷铸锚体系,塔上设张拉端,为便于施工控制,梁上也设置张拉端。张拉施工完毕封锚后需对外表面进行美化处理。

本次设计综合考虑受力、景观等因素,采用椭圆形钢箱混凝土塔。本桥主塔塔高自桥面以上为 66 m。主塔的椭圆形造型比例协调、结构简洁流畅。

2. 斜拉索

斜拉索采用塑包平行钢丝束，钢丝采用 ϕ7 高强钢丝，护套采用双层，斜拉索表面采用抗风雨振措施。100 m 跨索距采用 5 m，85 m 跨索距采用 4 m。

斜拉索两端锚具均采用张拉端冷铸锚锚具。

3. 主梁

主桥上部梁体采用双边箱结构，边箱采用预应力混凝土单箱双室斜腹板连续箱梁。从景观方面考虑，箱梁中腹板采用铅垂形式，外侧腹板采用斜腹式+倒圆弧形式。

边腹板斜度为 4 : 1，在悬臂下缘线和腹板之间倒半径为 1 m 的圆角，在底板下缘线和腹板之间倒半径为 0. 2 m 的圆角。箱梁顶板设 1. 5% 横坡，底板保持水平，采用纵、横双向预应力体系。

4. 引桥上部结构

引桥共有 A1、A2、A3、A5、A6 五联，均为预应力混凝土单箱双室斜腹板连续箱梁。

A1、A2、A5、A6 联跨径布置为 3×30 m，箱梁高度为等厚 1. 8 m(中心梁高)，采用单箱双室断面形式，顶板宽 18. 5 m，箱梁悬臂长 4 m，悬臂端部厚 0. 25 m，悬臂根部(虚交点)厚 0. 6 m；顶板厚度 0. 25 m；跨中底板厚度 0. 22 m，支点横梁附近通过 5 m 过渡段线性过渡至 0. 5 m 厚度；跨中腹板厚度 0. 45 m，支点横梁附近 5 m 范围内等厚 0. 75 m，端横梁及中横梁附近均采用平行过渡形式，过渡段长度为 3. 6 m。每联箱梁在桥墩处设置厚度为 2 m 的中横梁，端部设厚度为 1. 5 m 的端横梁，其余部位不设置横梁。

A3 联箱梁采用单箱双室断面形式，顶板宽 18. 5 m，底板宽度根据边腹板高度变化而变化；箱梁悬臂长 4 m，悬臂端部厚 0. 25 m，悬臂根部(虚交点)厚 0. 6 m；顶板厚度 0. 28 m，在横梁附近局部加厚为 0. 5 m；跨中腹板厚度为 0. 5 m，主墩墩顶横梁两侧各 13. 5 m 范围内腹板厚度 0. 8 m(靠近墩顶处腹板加厚为 1. 4 m)，过渡段长度 3. 6 m，线性过渡。端横梁附近 5 m 范围内腹板等厚 0. 8 m，过渡段长度为 3. 6 m。跨中底板厚度 0. 28 m，主墩墩顶附近底板厚度 0. 55 m，变化规律按二次抛物线变化。主墩处设置厚度为 2. 5 m 的中横梁，过渡墩墩顶设置厚度为 1. 5 m 的端横梁，主跨跨中设置厚度为 0. 35 m 的横隔板；中横梁及跨中横隔板上均设置人孔；在边墩附近底板设置 ϕ800 mm 检修孔。

5. 桥梁下部结构

主引桥交接桥墩采用双柱式花瓶墩，与引桥整体风格一致。墩身设圆倒角。

墩身下接矩形承台，主塔下承台尺寸为 19. 6 m×14. 4 m，交接墩承台尺寸均为 7. 1 m×6. 5 m。主墩承台厚度为 5 m，交接墩承台厚度为 2. 5 m。主墩承台下设直径 2 m 的钻孔灌注桩，交接墩承台下设直径 1. 5 m 的钻孔灌注桩。桩基均按照摩擦桩设计。

6. 引桥下部结构

引桥桥墩采用双柱式花瓶墩，除 A3 联中墩墩底断面尺寸 1. 8 m(横桥向)×1. 8 m(纵桥向)外，其余桥墩墩底断面尺寸均为 1. 8 m×1. 6 m。墩身设圆倒角，伸缩缝处桥墩墩顶纵桥向因放置支座需要加宽至 2. 4 m，加宽段长度为 3 m。墩顶横桥向采用圆弧加宽至 2. 3 m 形成曲线造型，加宽段高度为 3 m。墩柱顶部设置纵桥向宽度 1. 3 m 弧形横系梁，系梁中部高度 1. 2 m，与墩柱连接处高度 1. 5 m。

墩身下接矩形承台，A3 联中墩承台尺寸为 10. 5 m×6. 5 m，其余承台尺寸均为 7. 1 m×6. 5 m。引桥桥墩承台厚度为 2. 5 m。A3 联中墩承台下设 6 根 ϕ=1. 5 m 的钻孔灌注桩，其余承台下设4根 $\phi=1.5$ m的钻孔灌注桩。桥台为组合重力式桥台,承台厚度为1.5 m,桥台基础采用8根直径为1.2 m的钻孔灌注桩基础。桩基均按照摩擦桩设计。

7. 毛营河桥

(1)上部结构。桥梁上部跨采用长 $L=19.96$ m、高 $h=0.95$ m后张法预应力混凝土空心板梁,单块中板宽度为1.25 m。本桥处于圆曲线上,板梁采用10.5°斜交角度,边板悬臂采用不等宽,随道路线形变化以增加桥梁景观性。全桥共有中板20片,边板8片。

(2)下部结构。下部结构采用桩基接盖梁形式,桩基础采用直径为1.0 m钻孔灌注桩基础。桩基均按照摩擦桩设计。

(三)地质、水文、气候条件

1. 地质情况

项目场地地貌类型属河漫滩地貌单元,场地地势稍有起伏,地表高程6.40~12.30 m。

根据地质报告显示,地层主要分为如下几个大层,现分别描述如下:

0层,水;厚度0.10~2.10 m,平均0.83 m;层底高程4.35~6.78 m,平均5.72 m;层底埋深0.10~2.10 m,平均0.83 m。

1层,耕土,灰褐色,结构松散,含植物根茎等,以软塑状粉质黏土及稍密状粉土充填,为新近堆填,局部为素填土,压缩性很不均匀场区普遍分布。厚度0.40~3.00 m,平均0.98 m;层底高程:4.92~8.11 m,平均6.93 m;层底埋深0.40~3.00 m,平均0.98 m。

1-1层,淤泥,深灰色,流塑状,有腐臭味,主要分布在河塘底部,属软土。厚度0.20~2.60 m,平均1.04 m;层底高程3.80~6.58 m,平均5.51 m;层底埋深0.20~2.60 m,平均1.04 m。

2-1层,粉土,灰黄色,很湿~湿、稍密~中密,无光泽,含云母碎屑,干强度及韧性低,摇振反应中等,属中压缩性地基土,场区普遍分布。厚度0.40~3.10 m,平均1.92 m;层底高程3.93~5.82 m,平均4.71 m;层底埋深1.90~3.80 m,平均2.79 m。

2-2层,淤泥质粉质黏土,深灰色,流塑为主,局部软塑,含少量腐植物,切面无光泽,干强度中,韧性中,属高压缩性地基土,属软土,场区普遍分布。厚度3.70~14.90 m,平均10.16 m;层底高程-10.50~0.36 m,平均-5.45 m;层底埋深6.10~17.50 m,平均12.77 m。

3层,粉质黏土,灰褐色、褐黄色,可塑~硬塑,含少量Fe、Mn质结核及浅灰色高岭土团块,切面稍有光泽,干强度中,韧性中,属中压缩性地基土,场区普遍分布。厚度2.30~29.30 m,平均20.13 m;层底高程-37.19~-8.36 m,平均-29.15 m;层底埋深14.80~45.00 m,平均36.47 m。

3-1层,粉土,灰黄色,湿,稍密~中密,局部夹粉质黏土,呈透镜体状分布,无光泽,含云母碎屑,干强度及韧性低,摇振反应中等,属中压缩性地基土。厚度4.40~14.80 m,平均10.73 m;层底高程-25.04~-20.60 m,平均-22.97 m;层底埋深27.00~31.70m,平均29.54 m。

4层,含砾中砂灰褐色,含砂质卵砾石,粒径0.2~3.5 cm不等,含量约10%~20%,属中偏低压缩性地基土,场区普遍分布。厚度4.00~8.40 m,平均6.13 m;层底高程-42.60~-36.29 m,平均-40.11 m;层底埋深:45.00~50.30 m,平均47.20 m。

4-1层,粉质黏土,灰色,软塑,含少量腐植物,呈透镜体状分布,切面无光泽,干强度中,韧性中,属中偏高压缩性地基土。厚度2.90~4.10 m,平均3.35 m;层底高程-40.39~

-39.61 m,平均-39.96 m;层底埋深:48.30~49.10 m,平均48.68 m。

5-1层,强风化砂岩,灰黄色,灰白色,风化强烈,呈砂土状,手捏易碎,遇水软化,其中间或夹有中风化岩块,岩体基本质量等级为V级,场区普遍分布。厚度1.80~5.50 m,平均3.79 m;层底高程-45.26~-42.23 m,平均-44.13 m;层底埋深:49.00~53.70 m,平均51.22 m。

5-2层,中风化砂岩,砖红色,岩芯呈短柱状、柱状,手掰不易断,锤击可断,取芯率约85%~95%,RQD约80%~90%,岩体基本质量等级为V级,该层未穿透。

沿线无不良地质土层分布,特殊性岩土为软土,即1-1层淤泥和2-2层淤泥质粉质黏土。

2. 水文条件

本线路内地表水系较发育,主要地表水体为滁河及沿线的河塘等,河流比降较小,水流缓慢,受人工灌排调节影响,常年水位变化较大。

根据地下水的赋存条件、水理性质和水力特征,该区地下水主要为松散岩类孔隙潜水。各类松散岩类孔隙水主要赋存于1层耕土及2-1层粉土中,属孔隙潜水,该层土透水性较好,受大气降水补给。排泄方式主要为蒸发,地下水位变化受季节性降水控制。

3. 区域气候特征

(1)气温。年平均气温15℃,7~8月最热,最高气温32~38℃,极端高温43℃;1月份最冷,1月最低平均气温-1.5℃,极端低温-14℃。全年日照1 989.20 h左右,无霜期约230天,最大积雪深度约15 cm,最大冻土厚度9~10 cm。

(2)降水。年平均降雨量1 038.70~1 124 mm,降水日124.2天。6~8月降雨量占全年50%以上,6~7月为梅雨季节多阴雨。

(3)风向、风力与相对湿度。常年主导风向为东北风。冬季(10月到次年3月)主导风向、风频以北东、东北风为主,平均风速16.30~23.80 m/s,相对湿度73%~75%。夏季(4~9月),主导风向以东南风、东风为主,高温季节(7~8月)则以西南风为主,风速21~27 m/s,相对湿度75%~80%。

二、总体施工方案概述与风险控制总体策略

1. 总体施工方案概述

(1)施工准备完成后,首先进行主塔的施工,完成梁体浇筑,拉索安装。

(2)本工程主桥与引桥采用现浇法施工。引桥上部梁体结构均采用支架现浇,主桥100 m跨上部梁体结构采用悬臂浇筑,主桥85 m跨上部梁体结构采用支架现浇。

(3)引桥各联施工顺序相互不影响;主桥与相邻引桥(A3联、A5联)施工有一定影响,需先施工主桥上部梁体结构,再施工相邻联引桥上部梁体结构。

(4)调整索力,完成主梁及边跨的合龙张拉,完成体系转换。

(5)毛营河桥上部结构的空心板梁采用汽车式起重机方式架设。

2. 风险控制总体策略

通过对桥型概况、地质、水文、气候条件等的详细了解,根据工程施工方案分析施工过程中可能发生的危害,提出风险控制总体策略。本工程须重点防范起重伤害、机械伤害、高处坠落、物体打击伤害、溺水、触电事故等。

(1)严防起吊构件、材料时违章作业等不安全行为,以免造成起重伤害。

(2)严禁高处作业人员未进行体检以及体检不合格人员仍进行高空作业等不安全行为,以防发生高处坠落、淹溺事故。

(3)遭遇大风暴雨等恶劣天气应停止施工,并做好高空设备的紧固,防止坠落。

(4)杜绝不按规定佩戴安全防护用具的不安全行为,以免发生物体打击、淹溺事故。

(5)杜绝施工机械作业人员无证上岗或酒后作业、疲劳作业等,以免误操作造成机械伤害。

(6)防止高处作业随意放置、抛掷工具和物料,以免物体坠落砸伤作业人员。

三、主要工程施工工序过程风险控制

(一)路基施工

1. 工序内容

(1)做好场地临时排水工作,特别注意基底换填期间的排水,开挖临时排水沟,降低地下水位。

(2)新路基在填筑前应对场地、耕植土进行清除;鱼塘、河沟地段,应清淤干净彻底。还应特别注意对暗塘的处理。

(3)路基填筑时,必须根据设计断面进行分层填筑和压实,分层松铺的最大厚度应通过试验确定。路堤分层的最大松铺厚度不应超过 0.1 m,路床的分层压实厚度不应超过 0.2 m,层顶最后一层的压实厚度不应小于 0.1 m。每填一层,经过压实试验检验符合规定要求之后,再填上一层。

(4)为保证均匀压实,应注意压实顺序,并经常检查土的含水量、掺灰剂量和均匀性。

(5)若路基分成几个作业段施工,当两段交接处不在同一时间填筑时,则先填地段应按 1∶1 坡面分层留平台。若两个地段同时填筑,则应分层相互交叠衔接,其搭接长度不应小于 2 m。

(6)为减少桥头路基产生不均匀沉降而导致桥头跳车,对桥头各 30 m 长度路基范围内的特别压实区,分层压实厚度不应超过 0.2 m。预留缺口时应留 2 m 宽台阶,缺口回填应分层交叠填筑。构造物回填及特别压实区的压实度宜比同层位路基的压实度提高 1%。

(7)路堤与桥台、横向构筑物连接处应设置过渡段,路基压实度不应小于 96%。过渡段长度按 2~3 倍填土高度确定。

2. 风险控制策略

(1)路基压实时杜绝人员在施工范围内跑动等不安全行为,以免造成车辆伤害。

(2)防止路基压实不均匀、压实顺序错误等,以免路基发生沉陷。

(3)防止桥头路基压实度达不到要求,以免发生不均匀沉陷或桥头跳车。

(二)桩基施工

1. 工序内容

(1)严格依照设计提供的图纸和文件、变更设计图纸及技术规范、标准、法规施工。

(2)合理地组织和调配材料、机械设备、运输、劳动力,做到均衡生产,使工程优质、高效、低耗。

(3)做好自身的施工监督检查工作,设专职质检员,建立严格的班组自检制度。

(4)自觉接受业主、监理及当地质监部门的检查和监督。

(5)凡构成永久性工程组成部分的材料,都必须符合图纸和规范的要求,必须经质量检查合格并经批准后才能进场,分规格分批存放,设立醒目的标志,以利检查和使用。水泥、钢材在取得出厂合格证的同时需分批分规格进行检验合格后才能使用。焊接试件等应按规范规定的数量送到有资质证书的检测机构进行复测。砂、石、混凝土外加剂等材料需按设计要求及技术规范试验合格后才能使用。

(6)加强工程试验工作,建立标养室,并对相关人员进行技术交底和培训,共同把好质量关。

(7)加强测量复核工作,在施工中按规范进行中线和水平测量复核,确保工程位置及尺寸准确。

(8)混凝土工程施工采用商品混凝土,试验人员跟班作业,宜使用普通硅酸盐或硅酸盐水泥,水泥强度等级不低于 42.5 级;粗集料选用卵石,最大粒径不大于导管内径的 1/6~1/8 和钢筋最小间距的 1/4,同时不大于 40 mm;每立方米水下混凝土的水泥用量不小于 350 kg。

(9)随时检查混凝土的坍落度,保证混凝土拌和物具有良好的和易性,保证其坍落度值为 180~220 mm,并按规定制作试件。

2. 风险控制策略

(1)钻机进场前,严防场地不平整、不坚实的不安全状态,以免造成钻机倾覆事故。

(2)开始钻进施工时,严防钻机进尺速度过快,以免钻机倾覆或设备损坏事故。

(3)钻孔作业必须保持连续性,防止中途停顿,以免钻孔孔径和孔型发生变化。

(4)在旋挖钻进施工过程中,现场盯控严防“操作人员在钻机下监视”的不安全行为,以免造成机械伤害。

(5)严防违章用电的不安全行为,以免造成触电伤害。

(6)钢筋笼安放过程中,严防钢筋骨架碰撞孔壁,以免损坏钢筋笼或在灌注混凝土过程中发生浮笼现象。

(7)混凝土灌注时,严防混凝土灌注速度过快,以减小混凝土的冲击力,防止钢筋骨架上浮。

(8)灌注时,防止混凝土喷出伤人,以免造成物体打击伤害。

(三)承台施工

1. 工序内容

(1)施工前必须与工务部门签订协议取得工务部门配合,详细调查承台范围管线情况。

(2)工作坑开挖过程及完毕后,在工作坑坡顶设置安全警戒线,工作坑四周设立护栏,架设照明及夜间警示灯。在警戒线范围内不得堆置土方料具和工程材料,同时不允许工程机械驶入警戒线以内,以确保安全。靠近路侧需设置刚性护拦与围堰焊接固定,避免人员掉入坑内。

(3)路侧安排专人值班,指挥交通,限速为 5 km/h,以确保交通安全和基坑安全。

(4)承台施工期间做好交通疏导工作,大型车辆禁止通过。

(5)围堰稳定性、位移变形观测技术人员在防护桩上做好标记点,在施工范围外作固定观测点,开挖基坑施工后,技术人员每天分三次观测,基坑开挖到位后,应随时观察基坑底是否有隆起现象,如若发现不正常位移变形,应立即报技术主管、项目总工、项目经理,共同制定补救方案并实施。

(6)提前3天了解天气变化情况,有5级及以上大风或大雾、阴雨天气,不宜进行混凝土灌注。混凝土灌注过程中,应备好防雨布,并制定有效的防雨、防渗措施,严防雨水或渗水流入混凝土中。

(7)事先与交管及供电部门取得联系,保证施工期间,道路的安全畅通和正常供电,发电机要保持良好状态,随时备用。

(8)所有作业人员必须严格遵守有关安全规定,提高安全意识,消除不安全因素。

(9)基坑内外、上下均要有足够的照明设备,并安全可靠不漏电,防止触电事故发生。

(10)所有施工机具设备均要事先进行检修,并保持良好状态。加强施工期间的维修和保养,以确保施工正常进行。

(11)上、下基坑爬梯均应焊接牢固,并设置好防护栏杆,灌注平台上要铺好脚手板。因基坑较深,作业人员上、下时,要做到"手不抓紧脚不松,脚不踩稳手不放",以策安全。

(12)建立高度统一的指挥系统,以便统一指挥,指导施工,要求通信联系畅通、信息传递快捷,资料真实可靠,信号指挥要规范、明确、统一。

(13)应有专人指挥运渣车辆,避免出现交通事故,对运土车辆实行覆盖,避免运输过程中出现撒落造成污染。

2. 风险控制策略

(1)开挖基坑时,杜绝人员站立在挖掘机上或在周围跑动,以免造成车辆伤害。

(2)基坑开挖接近雨季时,杜绝作业人员在大雨天气继续施工,以免边坡滑移、塌陷发生掩埋事故。

(3)防止工作坑四周不设立护栏,以免人员高处坠落。

(4)防止基坑爬梯焊接不牢固、不设防护栏杆等不安全状态,以免发生高处坠落事故。

(5)承台钢筋绑扎时,严防作业人员注意力不集中,以免发生钢筋钩、挂伤人。

(6)混凝土灌注时,防止混凝土喷出伤人,以免造成物体打击伤害。

(四)墩柱施工

1. 工序内容

(1)临时墩管柱施工要点。采用钢管柱,预埋法兰盘于承台,吊装拼装。钢管柱内下部填充1.5 m高自密实混凝土,上部用砂子填满。

(2)结构预埋。预埋件由专业公司统一定做,吊装埋入临时墩承台。临时墩承台浇筑时避免预埋件的偏位,若发生偏位应及时纠正。承台浇筑完成后立即对预埋件进行复测。

(3)钢管柱拼装。在加工厂整体预制,现场吊装拼接。

(4)钢管柱填充。钢管柱中填充1.5 m高的自密实混凝土保证其刚度。混凝土浇筑前一个月进行试验选好配合比与外加剂掺量,保证自密实混凝土的性能。施工现场须对自密实混凝土进行坍落扩展试验(T50试验)、抗离析试验(V型漏斗试验)。自密实混凝土的填充能力和抗离析性能须达到规范要求。

待自密实混凝土达到早期强度后填充砂子并捣实。

2. 风险控制策略

(1)支架的搭设和拆除时,严防随意抛接工具,以免造成物体打击伤害。

(2)在支架上作业时,杜绝人员不系好安全带的不安全行为及不挂设安全网的不安全状态,以免发生高处坠落。

(3)起重机吊桩前,杜绝起重钢丝绳不达标、起重机基础不坚实等不安全状态,以免造成起重伤害。

(4)模板采用起重机械安装时,严防模板不平衡吊装或连接不牢固,以免模板坠落造成起重伤害。

(5)钢筋加工时,严防操作人员注意力不集中,以免发生钢筋钩、挂伤人。

(6)混凝土灌注时,防止混凝土喷出伤人,以免造成物体打击伤害。

(五)主梁施工

1. 工序内容

主梁施工主要包括平整场地及地基处理、支架搭设、支架预压、模板安装、钢筋绑扎、混凝土施工、预应力张拉。

(1)地基处理后采用动力触探进行承载力检测,计算出相应的承载力,确保地基承载力不小于 450 kPa。

(2)底模在每一节最低处设置 5 个排污口,尺寸 0. 2 m×0. 2 m,在浇筑混凝土前,将底模上的木楔、焊渣清理干净,然后用木胶板将排污口补齐。

(3)加强对模板的检查,保证节段间错牙符合要求,无漏浆。

(4)严格按箱梁混凝土浇筑作业指导书中确定的混凝土浇筑顺序、下料及振捣工艺进行施工,保证混凝土层与层间时间间隔及振捣到位,防止混凝土对波纹管的冲击。混凝土浇筑采用从两侧到中间合拢,避免接头处因初凝而受振开裂。一个节段的桥面板混凝土,力求在箱梁混凝土初凝前浇完。

(5)加强对波纹管位置及数量的检查,定位筋位置要准确,钢筋焊接时要在波纹管上覆盖物件防止电焊火花伤及波纹管。

(6)注意腹板及各倒角处的振捣,防止产生空洞。

(7)在梁体混凝土灌注时,在波纹管内放小一号的塑料管,间隔一定时间来回抽拔,防止堵管。

(8)管道压浆时,一定要注意相邻管道是否串浆,每次压浆后,用通孔器对相邻管道进行孔道检查,如有串浆应及时采用高压风冲洗干净。

(9)纵向管道压浆时,一定要有专人在设有三通管的作业面负责观测三通管是否已经出浆,如已出浆,要及时封闭,以防浆液通过三通管进入其他管道发生堵管。

(10)压浆完成后,要及时将机械设备、压浆管、拌和设备等清洗干净,并妥善保管,以便下次压浆时使用。

(11)压浆时要密切注意压浆泵压力表,如出现异常要及时停止压浆,以防压浆管爆裂伤人。

2. 风险控制策略

(1)地基处理时,严防场地不平整、不坚实的不安全状态,以免影响施工质量。

(2)支架的搭设和拆除时,严防随意抛接工具,以免造成物体打击伤害。

(3)在支架上作业时,杜绝人员不系好安全带的不安全行为及不挂设安全网的不安全状态,以免发生高处坠落。

(4)吊装钢筋时,严防挂设不牢固,以免造成起重伤害。

(5)混凝土灌注时,防止混凝土喷出伤人,以免造成物体打击伤害。

（六）主塔塔柱施工

1. 工序内容

（1）主塔施工过程中，应经常测定并检查施工部位的位置和高程，发现偏差应立即纠正。

（2）主塔各部位和各构件的施工测量和施工放样，应选择在不受日照影响和气温变化较小的日出前清晨时间，报请监理工程师批准后进行。

（3）严格要求钢箱的焊接质量，所有焊接必须严密。

（4）所有支架与操作平台，应有足够的强度和刚度，并设置必要的安全设施。支架顶端和塔式起重机应设防雷击装置。

（5）主塔在浇筑过程中，需注意天气变化，若遇大风或雷雨天气，应立即停止作业，并采取必要的安全措施。

2. 风险控制策略

（1）主塔钢结构采用自升式塔式起重机直接在墩位处分节吊装组拼，防止不平衡起吊、连接不牢固等不安全状态，以免造成起重伤害。

（2）严防违章用电的不安全行为，以免造成触电伤害。

（3）严防施工人员不戴好安全帽，未系好下颚带，不遵守施工现场的规章制度，以免发生高处坠落事故。

（4）使用振捣器时，严防操作人员未戴绝缘手套、未穿绝缘鞋，以免发生触电事故。

（5）杜绝出料口对着人的不安全状态，以免发生物体打击伤害。

（6）杜绝酒后作业、现场打闹、嬉戏、吸烟等不安全行为，以免发生安全事故。

（7）使用塔式起重机时，严防不平衡起吊、超载起吊等不安全行为，以免发生起重伤害。

（七）斜拉索施工

1. 工序内容

斜拉索施工主要包括施工前准备工作、斜拉索运输、斜拉索吊装上桥、桥面展索、挂索、张拉、索力检测、索力调整及减振装置安装等工序。

斜拉索牵引施工阶段施工作业面长、危险性大，要做到安全及文明施工，应掌握以下施工要点及细节：

（1）各作业点均应用对讲机及时联系，统一、协调施工。卷扬机应由有经验的人员定岗定人专职操作，遇到紧急情况能及时做出正确的反应。

（2）所有起重用钢丝绳、卸扣、转向轮等均应符合起重行业施工规范，具有足够的安全系数。

（3）安装吊点夹具及软牵引，该项工作很关键，必须认真细致地完成。夹具应有足够的长度，其夹紧用的螺栓应有足够的强度，拧紧后应使夹具与斜拉索之间（垫有橡胶）产生足够的摩擦力，以防止夹具受力后滑移。

（4）斜索张拉端被提升至所需高度后，主要由从套筒引出的钢丝绳（塔顶卷扬机）牵引进入套管。此时塔顶主滑轮组应及时调整锚头倾角，使软牵引基本沿套管轴线方向被牵引进入。

（5）张拉端被临时锚固后，即可用卷扬机滑轮组将固定端引入锚箱，此状况下，所需牵引力较大，滑轮组选用两个3门32 t滑轮组，绕6路丝。滑轮组仍通过夹具与斜拉索连接。为防止夹具滑移，可在夹具前加一根撑杆，将力传至冷铸锚杯根部。

2. 风险控制策略

(1)杜绝不按规定佩戴安全防护用具的不安全行为,以免发生物体打击、淹溺事故。

(2)防止挂索过程中没有及时检查钢丝绳、滑车、卷扬机等起吊设备,以免起吊时发生事故。

(3)斜拉索桥面展开时,应严禁操作人员距离索体太近,以防斜拉索在扭力作用下,翻转伤人。

(4)压索时,严禁工作人员距离斜拉索过近,以免夹片滑松,索松回弹伤人。

(5)在张拉开始前,应在千斤顶工具夹片外表涂润滑油脂,从而防止钢绞线束发生扭绞现象。

第六章　桥梁转体法施工安全技术与风险控制

第一节　T 构桥转体施工安全技术与风险控制

1. 风险分析

T 构桥转体施工中主要风险有：

(1)进入施工现场的人员没有正确佩戴好安全帽等防护用品，可能导致物体打击伤害。

(2)跨线转体时没有做好营业线施工安全防护措施，无专人防护，可能导致物体打击伤害和车辆伤害。

(3)挂篮锚固不牢，作业人员可能从上面跌落，产生高处坠落伤害；还会砸伤下面的工作人员，导致物体打击伤害。

(4)转体锚固体系锚固力不足，转动过程中，转体可能会突然坠落，不仅损坏桥梁，还可能对工作人员产生物体打击伤害。

(5)转体就位后，未及时连接固定，转体可能会继续转动，不仅会影响施工质量，而且转动过大的话，还会碰撞到周围的作业人员。

(6)转动场地、设施及设备未进行试运转，可能会发生许多意外的伤害，如转体锚固体系锚固力不足，转体很有可能坠落，损坏设备，砸伤作业人员。

(7)转动体系、锚固体系和动力体系在施工期间未按规定进行检查维护，工作过程中由于存在安全隐患，可能导致转体作业失败，还会延长工期。

(8)作业人员酒后作业、疲劳作业或带病作业，可能会由于作业人员注意力不集中，进而影响施工质量；如果作业人员在高处作业或在电源旁边，还极易产生高处坠落和触电的危险。

2. 风险控制重点

T 构桥转体施工中，须重点防范高处坠落伤害、物体打击伤害和锚固力不足的危险。

(1)转体作业前平转场地、设施及设备必须进行调试。

(2)转体作业前锚固体系必须进行检查，确保锚固力符合要求。

(3)转体施工中，操作人员精力应高度集中，密切注意转体情况，遇到障碍，立即停工排障。

3. 风险控制技术

(1)严禁作业人员未经培训上岗工作或无证作业。

(2)所有从事钢筋工程的施工人员都必须戴好安全帽和劳保手套。

(3)转体施工时，专职防护员要严防上部施工坠落物件，危及行人与施工安全。

(4)要严格遵守操作规程，振捣设备安全可靠，使用前应检查其各部位连接是否牢固。

(5)转动体系应灵活自如，安全可靠；位控体系应能控制转动体的转动速度和位置。

(6)转体就位后，应迅速进行联结固定，同时对施工范围内的线路和限界进行清理和检查。

(7)搬运钢筋人员应协调配合,相互呼应;搬运时必须按顺序逐层从上往下取运,严禁从下方抽拿。

(8)跨线转体期间,在技术人员指导下对其邻近线路采取必要的线路加固,并有专人进行线路防护。

(9)挂篮锚固必须牢固,桥面到挂篮上横梁操作平台要有专用通道,通道两侧要安装栏杆,栏杆上挂设安全网。

(10)千斤顶张拉系统操作人员必须严格执行有关操作规程,做到班前检查,班后保养,发现故障及时清除,确保设备处于良好状态。

第二节　斜拉桥转体施工安全技术与风险控制

1. 风险分析

斜拉桥转体施工中的主要风险及可能的后果有:

(1)施工现场违章用电,可能会产生触电伤害。

(2)相关人员未进行施工前培训即上岗,可能会误操作一些工作设备、设施,严重时可能产生机械伤害。

(3)未按规定设置必要的安全防护措施,非工作人员进入施工场地,易导致物体打击伤害和起重伤害。

(4)转动时转动速度不均衡,转动过程中监控不力,不仅对可能出现的危险不能提前预知,而且还会增加施工难度。

(5)转体前未检查各关键部位,如:塔梁固结点、上转盘、塔柱锚固区、球铰等部位,可能在转动过程中出现故障,不得不停止转动,甚至会发生转体坠落的事故。

2. 风险控制重点

斜拉桥转体施工过程中,须重点防范触电伤害、物体打击伤害和高处坠落伤害。

(1)严禁人员酒后或带病高处作业。

(2)转体前平转场地、设施及设备必须进行试运转。

(3)在风力达到5级及以上应停止施工,并做好高处设备的紧固,防止坠落。

3. 风险控制技术

(1)转体作业天气要求:风力小于3级、无雨。

(2)规范用电,电线不得乱拉乱拖,钢筋不得搭靠在电线上。

(3)位控体系控制转动体的转动速度和位置时,严禁作业人员打闹及大声喧哗。

(4)转体过程中,上部结构覆盖面范围内不得有影响转体正常进行的障碍物。

(5)转体前检查各关键部位,包括塔梁固结点、上转盘、塔柱锚固区、球铰等部位。

(6)转动体系、锚固体系必须平衡可靠,四周保险支腿的工作性能应良好。

第三节　斜腿刚构桥平面转体施工安全技术与风险控制

1. 风险分析

斜腿刚构桥平面转体施工中的主要风险及可能的后果有:

(1)斜腿施工完毕后,未固定斜腿,很有可能导致斜腿坍塌。

(2)斜腿拼装前未搭设脚手架,未安装防护栏和安全网,可能会导致高处坠落伤害。

(3)用砂箱或楔子松动拆除拱架时,未按顺序进行,很有可能会损坏拱架的某些部位。

(4)梁体悬臂拼装工作吊篮和其他施工设备时,未安装牢固,悬臂两端超载,极易导致高处坠落伤害。

(5)斜腿拼装使用的工具乱放乱摆,不仅会影响施工进度,而且易导致物体打击伤害。

(6)拆除工程中,在拱架上下同时作业或用机械强拽拱架,不仅会导致物体打击伤害,而且用机械强拽还可能损坏拱架。

2. 风险控制重点

斜腿刚构桥平面转体施工中,须重点防范物体打击伤害和高处坠落伤害。

(1)斜腿拼装前应搭设脚手架、安装栏杆和安全网。

(2)在拆除工程中,不得在拱架上下同时作业或用机械强拽拱架。

(3)梁体悬臂拼装工作吊篮和其他施工设备,应安装牢固,严禁悬臂两端超载。

3. 风险控制技术

(1)水平拼装时,脚手架应设在坚固的基础上。

(2)用砂箱或楔子松动拆除拱架时,应按顺序进行。

(3)斜腿拼装使用的工具、冲钉、螺栓均应装在工具袋内。

(4)斜腿杆件吊装应按安全交底位置拴吊具,杆件与吊具间应加防护垫。

(5)斜腿拼装平转时,应按设计吊点位置进行,并拴好溜绳,吊钩应封钩。

(6)转体前应进行环道清理,解除临时支座,清除结构平转范围内的障碍物。

(7)预应力混凝土斜腿钢构桥采用无支架施工时,在斜腿施工完毕后,应固定斜腿。

(8)转体前拆除上、下盘之间的固定装置以及支垫,清理环道,并涂润滑油以减小摩阻力。

(9)斜腿拼装与旋转下放作业应统一信号,由专人统一指挥;桥下车船及行人不得通行,并设安全防护。

第四节 拱桥转体施工安全技术与风险控制

1. 风险分析

(1)基坑支护不牢,极易导致坍塌事故。

(2)高架施工,防护措施缺陷,很可能导致高处坠落伤害。

(3)脚手架或模板强度不足,可能发生高处坠落伤害和物体打击伤害。

(4)起重过程中钢丝绳断裂或起重设备倾覆,很可能导致起重伤害和物体打击伤害。

2. 风险控制重点

拱桥转体施工中,须重点防范起重伤害、高处坠落伤害和物体打击伤害等。

(1)基坑开挖工程应验算边坡或基坑的稳定性,严禁在基坑周围堆放重物。

(2)严禁在强风、大雪等恶劣天气进行高处作业,以防发生高处坠落伤害。

3. 风险控制技术

(1)施工现场的临时架设和使用必须符合规范,建立临时用电检查制度。

(2)设备的调试和安装过程严格遵守操作流程,保证安全防护装置有效。

(3)起重机械活动范围内设置明显的安全警示标志,对作业区做好安全防护。

(4)起重机械工作前应对吊钩、制动器、钢丝绳等进行检查,发现问题及时排除。

(5)搭、拆脚手架时,作业面上铺设足够数量的脚手板,作业人员必须佩戴安全帽和系安全带,不得单人装设较重杆配件。

第五节　拱桥施工风险控制范例

一、工程概况

某两特大桥的结构形式基本相同。主跨采用净跨 160 m 的上承式倒悬链线无铰钢管混凝土拱,净矢高 32 m,拱轴系数 $m=1.543$,矢跨比 $f/L=1/5$。主拱圈系由 8 根直径 100 m,壁厚 10~12 mm 的钢管及厚 10 mm 缀板组成的哑铃形拱肋。钢管内泵送微膨胀混凝土。拱上建筑采用 15 组四柱排架式钢管混凝土立柱;立柱上部采用钢筋混凝土简支式大孔板梁;边跨分别采用 4 孔 20 m 及 1 孔 20 m 后张法预应力混凝土简支 T 形梁。

两桥全长分别为 276.71 m、280.06 m;桥面宽 18.50 m,桥面横坡为 1.5%;两桥设计荷载为汽—36,验算荷载为挂—200。两桥不同之处,其中一特大桥位于 3.2% 的坡道上,由桥面铺装调整形成 3.2% 的桥面纵坡。后因地质情况变化,又增加一孔 10 m 钢筋混凝土板梁。

两特大桥位于西陵峡口低山丘陵与构造剥蚀、侵蚀山地过渡带,地形起伏较大,相对高差达 150 m;河床呈“U”形沟谷,切割较深,河宽 30~40 m,沟谷顺直;岸坡陡峻,桥面与沟底最大高差达 130 m。工点范围内,除陡壁植被稀少外,其余地带植被生长茂密,荆棘杂草丛生,工作条件差,施工难度大。

二、风险控制策略

通过桥梁施工流程进行分析,该工程的风险控制重点在于:

(1)转体作业前平转场地、设施及设备必须进行调试。

(2)转体作业前锚固体系必须进行检查,确保锚固力符合要求。

(3)在拆除工程中,不得在拱架上下同时作业或用机械强拽拱架。

(4)在风力达到 5 级及以上应停止施工,并做好高处设备的紧固,防止坠落。

(5)梁体悬臂拼装工作吊篮和其他施工设备,应安装牢固,严禁悬臂两端超载。

(6)转体施工中,操作人员应精力高度集中,密切注意转体情况,遇到障碍,立即停工排障。

三、风险控制技术措施

1. 杜绝违章起重作业导致的起重伤害

(1)起重作业时,吊臂下方及起重机周围严禁站人,以防发生起重伤害。

(2)起重设备指挥人员必须选用有丰富经验的人员,并持证上岗,对大型构件的起重吊装转移全程控制。

(3)起重指挥人员应对吊点、钢丝绳、绳卡在吊物起吊前进行详细检查,确认无误后方可进行起吊作业。

2. 严防设备倾覆

(1)起重指挥人员在旁进行监护。

(2)质量较大的设备如起重机等,在操作前应置于坚固的场地,以防发生设备倾覆。

(3)起重机司机需警惕,吊物绝对不允许超过最大起重量,起重机司机在起重机运转过程中应注意力高度集中,禁止玩手机打电话等行为。

3. 杜绝溺水、高处坠落事故

因转体作业皆位于水上,并且为2 m以上高空,因此作业人员必须遵守高处作业安全管理规定。

(1)夜间施工现场必须配备足够的照明,确保施工人员安全。

(2)作业人员不要在架面上抢行、跑跳,相互避让时应注意身体不要失衡。

(3)作业人员必须按要求穿戴好救生衣,条件允许情况下系挂好安全带,并做到高挂低用。

(4)两边相对应的作业人员作业需同步,听从指挥决不可擅自动作,两名作业人员或多名作业人员搬运同一构件需沟通好。

(5)在进行撬、拉、推等操作时,作业人员要注意采取正确的姿势,站稳脚跟,或一手把持固定的结构或支持物上,以免用力过猛身体失去平衡发生坠落或把东西甩出。

4. 严防转体作业事故

(1)转体过程中,上部结构覆盖面范围内不得有影响转体正常进行的障碍物。

(2)转体前应检查各关键部位,包括塔梁固结点、上转盘、塔柱锚固区、球铰等部位。

(3)转动体系、锚固体系必须平衡可靠,四周保险支腿的工作性能应良好。

(4)转体就位后,应迅速进行联结固定,同时对施工范围内的线路和限界进行清理和检查。

(5)位控体系控制转动体的转动速度和位置时,严禁人员打闹及大声喧哗。

5. 杜绝触电事故

(1)规范用电,电线不得乱拉乱拖,钢筋不得搭靠在电线上。

(2)电气操作人员需持证上岗,确保特殊工种持证上岗率100%。

(3)振动锤用完之后,需及时断电,配电柜门应及时关闭,专业电工进行防护处理,方可离开施工现场。

6. 严防物体打击事故

(1)转体作业前,需清除转体上放置的物品。

(2)进入施工现场,作业人员应正确佩戴安全帽等防护用品。

(3)高空作业面上的工具、材料摆放应该有序,以免发生工具、材料跌落砸伤作业人员。

(4)在拆除工程中,不得在拱架上下同时作业或用机械强拽拱架,如遇到情况,需向主管技术员反映,采取对策,以免发生物体打击事故。

第七章　桥涵顶进施工安全技术与风险控制

本章以框架结构下穿铁路顶进施工安全技术与风险控制为例进行介绍，下穿其他结构物时，可参照本章相关内容。

第一节　开挖工作坑施工安全技术与风险控制

1. 风险分析

下穿铁路桥涵开挖工作坑过程中的主要风险及可能导致的后果：

(1)挖土机械铲斗碰撞线路加固设施，可能会损坏设备结构。

(2)未在工作坑四周设置护栏和警示标志，可能会导致高处坠落伤害。

(3)在降、排水过程中，出现大量涌砂、涌水等情况，可能导致坑壁坍塌。

(4)工作坑开挖未按规定进行放坡，可能会导致坑壁坍塌，造成物体打击伤害和窒息伤害。

(5)地下水位较高时，基坑降、排水措施效果不佳，不仅影响施工进度，而且严重时可能导致淹溺伤害。

(6)地下管线、地下构筑物等调查不明，盲目施工，开挖过程中可能会损毁管线设备，影响水、气的供给和电缆通信。

2. 风险控制重点

开挖工作坑过程中，须重点防范坑壁坍塌、窒息伤害、物体打击伤害和高处坠落伤害。

(1)基坑开挖时，必须按规定进行放坡，以防坑壁坍塌。

(2)严禁采用局部开挖深坑，从底层向四周掏土的方法施工。

(3)基坑降、排水时，对周边的建筑物应加强观测，必要时采取防范措施。

(4)施工期间应加强管理，严格监控，动用机械开挖前必须查明附近光电缆的具体位置，施工作业范围内的管线应拆迁完毕。

3. 风险控制技术

(1)工作坑开挖应在指定位置堆放弃土，且不得妨碍施工。

(2)工作坑顶部有动载时，坑顶缘与动载间应留有至少 1 m 的护道。

(3)工作坑周围地面应进行防水、排水处理，严防雨水等地面水进入工作坑周边土体。

(4)地下水位较高，基坑降、排水措施效果不佳时，应考虑在基坑围护结构外围设置隔水帷幕。

(5)施工中机具设备停放的位置必须平稳，大、中型施工机具距坑边距离应根据设备重量、工作坑支撑情况、土质情况，经计算确定。

(6)挖土机械铲斗不得碰撞线路加固设施和桥涵主体结构，人工清理开挖工作面时，挖土机械应离开开挖面，严禁人、机同时开挖。

(7)应根据地质情况采用人力或机械开挖,并在开挖过程中,随时检查开挖尺寸、位置,严密注意地质情况变化,随时修正基坑尺寸和开挖坡度。

第二节 制作顶进后背安全技术与风险控制

1. 风险分析

下穿铁路桥涵制作顶进后背中的主要风险及可能导致的后果:后背变形与开裂、后背填土强度不足、导致顶进作业不能继续,影响施工进度,同时还会干扰铁路的运输组织。

2. 风险控制重点

制作顶进后背的过程中,须重点控制顶进后背的强度。顶进后背应进行设计计算,后背梁、后背墙必须具有足够的强度、刚度和稳定性。

3. 风险控制技术

(1)后背填土应分层夯实,填土内摩擦角应大于 30°。

(2)将滑板与后背分配梁连在一起,增加后背的抗力。

(3)后背强度不够时,可采用钢轨桩、钻孔桩或挖孔桩进行加强处理。

(4)工作坑的弃土坡道应避开后背土体顶进受力范围,若条件受限不能避开时,坡道边坡应进行支护处理。

第三节 制作滑板安全技术与风险控制

1. 风险分析

下穿铁路桥涵制作滑板过程中的主要风险及可能导致的后果:

(1)滑板的强度和刚度不够,在顶进过程中,可能会损坏箱涵。

(2)润滑隔离层效果不佳,顶进时箱身可能会与滑板粘连,导致后背破损。

2. 风险控制重点

制作滑板过程中,须重点控制滑板的强度、刚度和稳定性的要求。滑板制作应满足预制箱身的强度和刚度,以及顶进时稳定性的要求。

3. 风险控制技术

(1)在顶进过程中,为了避免出现隔离层被拉开或推拥现象,应顺着顶进方向铺设。

(2)滑板中心线要与箱身顶进中心线一致,并有较好的平整度,表面用水泥砂浆压实抹光,以减小顶进阻力。

(3)当顶程较长时,可在滑板的适当位置设预埋件,以便与扣压在顶杆上的横梁连接,防止顶杆受压后向上拱翘。

第四节 预制箱涵安全技术与风险控制

1. 风险分析

下穿铁路桥涵预制箱涵中的主要风险及可能导致的后果:

(1)钢筋与混凝土粘结不牢固,严重影响结构的强度、刚度和稳定性。

(2)模板拼装不严密,浇筑混凝土时极有可能会出现漏浆现象,还可能导致箱身的外观不符合要求。

(3)箱身出现裂纹,结构的安全性得不到保障,很可能会影响涵洞的使用性能,缩短桥涵的使用寿命。

(4)箱身防水层防水效果不佳,使用过程中,很可能会出现渗漏水现象,直接影响城市景观和交通安全。

2. 风险控制重点

预制箱涵过程中,须重点防范箱身出现裂纹的问题。

(1)合理控制箱身分段长度,不得超出单节箱身的控制限度。

(2)采取保湿保温的养护方法,尽量避免低温施工,以减小箱身出现裂纹的概率。

3. 风险控制技术

(1)在浇筑箱身顶板混凝土时,应按设计要求做好泄水坡,并用水泥砂浆抹光。

(2)箱身混凝土强度达到设计强度的70%以上时可拆内膜,达到100%后方可进行顶进作业,以试块自然养生强度为依据。

(3)钢筋表面应洁净,粘着的油污、泥土、浮锈等在使用前必须清理干净,经调直的钢筋不得有局部弯曲、残弯、小波浪形。

(4)箱身顶进前应对混凝土面全面检查一遍,若发现有裂纹则应用带刻度的放大镜测量裂纹宽度,不满足要求时,应及时进行修补。

(5)箱身混凝土分段施工时,结构的底板、顶板混凝土应一次浇筑;浇筑底板混凝土时,应严格控制振捣深度,防止振坏滑板上面的隔离层。

(6)为了预防混凝土表面出现气泡和色差,使用的模板表面要清洗干净;脱模时选用合适的脱模剂,涂抹要均匀,并用棉纱布轻抹去涂刷不均或多余的脱模剂。

第五节　加固既有线路安全技术与风险控制

1. 风险分析

下穿铁路桥涵加固既有线路中的主要风险及可能导致的后果:

(1)施工机械车辆侵入既有线限界,可能造成车毁人亡和既有线停车、脱轨等重大事故。

(2)轨道电路短路,使正常开行的列车停止运行,干扰铁路的运输组织,严重时还会导致触电伤害。

(3)在既有线路上施工时,该路段未进行锁闭,列车运行时,很可能会撞伤施工人员,导致车辆伤害。

2. 风险控制重点

加固既有线路过程中,须重点防范触电伤害、车辆伤害等。

(1)顶进前应对横抬梁采取前顶后拉等措施,防止顶进时线路横移。

(2)便梁铁路运输和装卸时,必须按照铁路部门批准的施工计划进行;电气化区段采用机械装卸便梁时,应申请接触网停电;人工装卸时,枕木垛应搭设稳固,滑轨应有足够的强度和刚度。

3. 风险控制技术

(1)穿插横抬梁及安装连接构件时应防止轨道电路短路。

(2)连接构件及支垫垫木等应派专人检查,发现松动应及时紧固。

(3)便梁组装应严格按确定的便梁定位线和组装程序进行,不得侵限。

(4)施工现场设有安全标志,危险地区悬挂“危险”等警告标志,夜间设红灯示警。

(5)纵横梁应连接牢固,横梁底部道砟应捣固密实,纵梁端部应用短枕木支垫牢固。

(6)纵横梁应按布置方式、计算跨度进行受力检算,使之满足强度、刚度和稳定性的要求,加固范围应向框架桥两侧延伸至与桥高等长的距离。

第六节 箱涵顶进安全技术与风险控制

1. 风险分析

下穿铁路桥涵箱涵顶进过程中的主要风险及可能导致的后果:

(1)铁路线路出现拱起,致使列车运行中断,严重干扰铁路正常的运输组织。

(2)地下水处理不当,给施工带来困难,带水顶进时,极易出现偏差,并且控制难度增大。

(3)箱身与滑板粘连,不但会影响施工质量,而且还要延长列车慢行时间,干扰铁路运输组织。

(4)箱身防水失效,不仅影响市容,缩短建筑物的使用寿命,而且直接影响行人和车辆的通行安全。

(5)架设施工便梁(开镐顶进)时,易发生两根钢轨串电,造成轨道电路短路,使正常开行的列车停下来,严重地干扰铁路正常的运输组织。

2. 风险控制重点

箱涵顶进过程中,须重点防范轨道短路、顶进偏差、箱身防水失效等问题。

(1)顶进时,顶柱和后背处严禁站人,以防顶柱崩出或后背发生意外危及人员生命安全。

(2)架设施工便梁时,要做好绝缘工作,对容易造成轨道电路短路的施工工具、绝缘垫片等器材要进行检测,以防出现轨道电路短路现象。

(3)顶进过程中,每镐都要测定箱身高程和方向偏差,与设计值比较,画出偏差曲线,判定偏差趋势,及时采取措施进行调整,以防顶进偏差过大,造成无法挽回的缺陷。

3. 风险控制技术

(1)箱身外侧应涂石蜡与机油熬制而成的润滑剂以减少摩阻力。

(2)顶进土体难以确保稳定,易于坍塌时,需在顶进前对土体进行注浆固化。

(3)箱体顶进过程中,箱身两侧的土体要尽可能的保持均等一致,避免一侧紧一侧松。

(4)箱身和后背的混凝土强度必须达到设计要求方可顶进,并加强混凝土的防水性能。

(5)每次顶进前应检查液压系统、传力柱安装和后背变化情况,发现问题及时纠正,严禁在工作状态下调整和检查。

(6)地下水位高于框架桥基础底面 1 m 时,应采取降水措施,严禁带水顶进,降水作业应控制线路下沉,并及时整修线路。

(7)桥体顶入路基后,应 24 h 连续顶进;当列车通过时,施工人员及机械应及时退出挖土工作面;顶进过程中,应配备足够的抢修人员和料具等。

第八章 跨越铁路(道路)桥梁施工安全技术与风险控制

第一节 跨越铁路桥梁施工安全技术与风险控制

一、架梁施工

1. 风险分析

(1)高空作业缺少防护,很有可能发生高处坠落伤害。

(2)高空作业时,向铁路下方乱扔杂物,可能发生物体打击伤害。

(3)线路未封锁,即违规架梁,可能会导致车辆伤害和物体打击伤害。

(4)施工地点缺设安全警示标志,如高压电附近未设置安全标志,可能会导致触电伤害。

(5)在大坡道缺设专人安放止轮器和操作紧急制动阀,很有可能会出现制动失效的情况,导致车辆伤害。

2. 风险控制重点

架梁施工中,须重点防范物体打击伤害、高处坠落伤害和制动失灵的危险。

(1)跨越铁路桥梁施工期间,必须在铁路上方设置围挡。

(2)跨越既有线机械施工时,在线路封锁前,不得违规开工。

(3)在大坡道上停车、对位、架梁时,应设专人安放止轮器和操作紧急制动阀。

3. 风险控制技术

(1)架梁施工人员严禁向铁路下方范围内乱扔杂物。

(2)在安梁过程中,严防力量不均衡导致设备倾覆而发生事故。

(3)电气化区段,当梁底与接触网承力索距离不足 2 m 时,应停电作业。

(4)在吊梁、安梁、运梁过程中施工现场不得放行非操作人员进入。

(5)吊装、架梁时,起重机和架桥机应定位准确,起重能力应满足作业半径、吊重等安全要求。

(6)稳定性较差、迎风面积较大的梁、构件,在封锁时间内不能做永久固定时,必须增加临时支撑,使其稳固或将其捆绑牢固,防止梁或构件滚翻或跌落。

二、悬臂施工

1. 风险分析

(1)焊接带电的设备未切断电源,很可能会导致触电伤害。

(2)高空作业人员未拴安全绳,很可能导致高处坠落伤害。

(3)施工时作业人员未佩戴安全帽、安全带,未穿防滑鞋,可能导致物体打击伤害。

(4)支架搭设材料放置不当掉落,可能砸到下方的工作人员,导致物体打击伤害。

(5)恶劣天气,人员未从挂篮撤离,很可能会发生高处坠落事故。

(6)撬棍使用不规范,如随意抛掷或工作时前方站人,很有可能导致物体打击伤害。

(7)单人拆卸较长、较重的部件,可能会砸伤工作人员,导致物体打击伤害。

(8)垂直运输设施与支架之间的转运安全距离不足,可能在运输过程中碰撞到支架,损坏构件。

(9)挂篮悬浇施工时,下方有人员行走和放置各种设备,可能导致物体打击伤害和砸坏下方的设备。

(10)挂篮和模板安装施工时,随意拆除搭架基本结构杆件,很有可能导致整个搭架坍塌,造成重大的人身伤亡事故。

(11)违章冒险作业,如在大风天气强行安装,不仅安装质量难以保证,而且施工人员可能会发生高处坠落事故。

2. 风险控制重点

悬臂施工过程中,须重点防范高处坠落伤害和物体打击伤害。

(1)挂篮和模板安装施工时,风级大于6级时,严禁违章冒险作业。

(2)严禁人员在架面上打闹戏耍、跨坐在外防护横杆上休息。

(3)在挂篮周围设置密封护栏,防范高空操作时,物件工具掉下伤人。

(4)高空作业人员应拴好安全绳,安全绳应高挂低用,严禁低挂高用。

(5)拆卸脚手板、杆件及其他较长、较重的部件时,禁止单人进行拆卸作业,防止把持杆件不稳、失衡而发生事故。

3. 风险控制技术

(1)施工人员施工时应佩戴安全帽、安全带,穿防滑鞋。

(2)垂直运输设施与支架之间要保持足够的转运安全距离。

(3)夜间施工现场必须配备足够的照明,确保施工人员安全。

(4)支架搭设材料应做到随上随用,防止放置不当掉落伤人。

(5)作业人员不要在架面上抢行、跑跳,相互避让时应注意身体不要失衡。

(6)焊接现场不得堆放易燃易爆物品;焊接带电的设备时,要切断电源。

(7)大雨、大雾和风力6级(含)以上等恶劣天气,人员应撤离挂篮,不得继续进行施工作业。

(8)因架上作业的需要,必须拆除某些杆件时,要报施工主管和技术人员,征得同意后,方可拆除基本结构杆件。

(9)跨线架设桥梁和设备过孔,应封锁线路;电气化区段,当梁底与接触网承力索距离不足2 m时,应停电作业。

(10)在进行撬、拉、推等操作时,要注意采取正确的姿势,站稳脚跟,或一手把持固定的结构或支持物上,以免用力过猛身体失去平衡发生坠落或将物件甩出。

第二节 跨越道路桥梁施工安全技术与风险控制

相比于跨越铁路,跨越道路的桥梁施工也有其自身的特点。

1. 风险分析

相比于跨越铁路,跨越道路的桥梁施工还具有如下风险:

(1)道路交通未中断时,若未设置必要的施工标志、路栏、锥形交通路标等安全设施,夜间无反光或施工警告灯光信号,可能引发交通事故。

(2)道路交通未中断且施工限制超高超宽车辆时,若未在行车道前设置限位门架,可能造成车辆损毁,甚至车辆危及施工安全。

(3)采用支架法施工,且道路交通未中断时,若支架支墩未设置防撞墩,一旦车辆碰撞支架支墩,可能导致支架坍塌。

(4)跨越公路架设桥梁时,若不封锁该行车道交通,一旦梁体坠落,可能造成十分严重的交通事故。

2. 风险控制重点

(1)杜绝无必要施工标志、路栏、锥形交通路标(夜间无反光或施工警告灯光信号)的不安全状态。

(2)严防无必要限位门架的不安全状态。

(3)严防支架支墩无防撞墩的不安全状态。

(4)杜绝架梁时不封锁行车道交通的不安全行为。

3. 风险控制技术

(1)跨越道路施工前,施工单位应编制跨越道路专项施工方案,报监理和建设单位审查批准。

(2)跨越道路施工前,建设单位组织联系道路主管部门、公安机关交通管理部门协商办理施工或封锁道路的相关手续。

(3)应根据道路交通的实际需要设置施工标志、路栏、锥形交通路标等安全设施,夜间应有反光或施工警告灯光信号,必要时应使用信号或派旗手管制交通。

(4)行车道前方应设置限位门架,禁止超高、超宽车辆通行,支架支墩应设置防撞墩加以保护。

(5)对未中断交通的施工作业道路,施工单位应当协助当地公安机关交通管理部门做好交通安全监督检查,维护道路交通秩序。

(6)跨越公路架设桥梁时,梁体落位前,应封锁该行车道交通,落位稳定后恢复交通。

(7)应采取防护棚等防坠落设施以防止落物伤及行人和车辆。

(8)施工作业完毕,施工单位应当迅速清除道路上的障碍物,消除安全隐患,经道路主管部门和公安机关交通管理部门验收合格,符合通行要求后,方可恢复通行。

第九章　小型结构物施工安全技术与风险控制

第一节　涵洞与通道施工安全技术与风险控制

一、施工放样

1. 风险分析

(1)钉设木桩时,桩锤对面站人,可能导致物体打击伤害。

(2)在密林草丛进行测量时,工作人员抽烟或用火,可能引发火灾。

(3)测量过程中,钢钎和桩锤等工具随意扔掷,可能导致物体打击伤害。

(4)夜间进行水文测量时,若照明不良,可能发生测量人员落水,导致淹溺事故。

(5)在高压线下进行测量工作,若不能保证足够的安全距离,可能导致触电事故。

(6)野外测量过程中遇到雷雨无房屋、车辆等可靠避雨场所时,躲到大树下或高压线下避雨,可能导致雷击事故。

(7)在陡坡段进行施工放样时,如工作人员没有系好安全绳,则可能导致高处坠落伤害和物体打击伤害。

(8)在没有断交的公路、道路上进行测量时,若未设置警告标志或措施采取不当,很可能发生车辆伤害。

2. 风险控制重点

施工放样过程中,须重点防范火灾事故、雷击伤害、高处坠落伤害、物体打击伤害等。

(1)遇雷雨时人员不得在高压线下、大树下停留,以防发生雷击事故。

(2)钉设木桩时,使锤人对面禁止站人,以防发生物体打击伤害。

(3)陡坡测量时,测量人员须系好安全带且确保其另一端拴挂牢靠,以防发生高处坠落伤害。

(4)在密林草丛中测量时,须禁止一切明火作业,禁止抽烟,以防发生火灾。

(5)施工上方有架空电线时,须根据电压等级、塔尺高度、钢尺测量方式等确定作业安全距离,确保测量作业在安全距离之内,以防发生触电伤害。

3. 风险控制技术

(1)在高压线附近工作时,必须保持足够的安全距离。

(2)野外测量时,遇雷雨天气不得在高压线下、大树下停留。

(3)密林丛草间进行施工测量时,应防备有害动、植物伤人。

(4)遇大雨天气时,严防人员在易发生山体滑坡、崩塌、落石等处所停留。

(5)水文测量人员应穿救生衣,夜间测量时应保证有足够的照明。

(6)密林丛草间进行施工测量时,应遵守护林防火规定,严禁烟火。

(7)测量作业人员上在道路上穿行时,应做到“一看二停三通过”,禁止与车辆抢行。

(8)在道路中进行测量作业时,应有专人持指挥棒或小红旗指挥车辆避让;现场指挥人员应佩戴警哨,发现紧急情况吹哨预警,现场作业人员必须服从指挥。

二、基础开挖

1. 风险分析

(1)用吊斗出土时,吊斗底下站人,可能导致物体打击伤害。

(2)基坑开挖不按规定放坡,可能导致坑壁坍塌,造成物体打击伤害和人员窒息伤害。

(3)基坑顶面四周未开挖排水沟,遇阴雨天气时,可能导致地表水流入基坑,冲毁基坑。

(4)地下管线、地下构筑物等调查不明,盲目施工,可能破坏地下管线,导致管线破裂。

(5)在基坑开挖过程中,遇坑壁松塌或涌水、涌砂时,若没有采取相应的防护措施,仍继续开挖,很有可能导致坑壁坍塌,造成物体打击伤害和人员窒息伤害。

(6)机械开挖与人工开挖同时进行,当驾驶挖掘机的作业人员操作不当或从事人工开挖的作业人员注意力不够集中时,可能导致机械伤害。

(7)当没有做好地质勘察工作,便穿越某块区域或穿越不良地质时,可能会给施工带来不便,甚至会因防护措施不当,造成大面积塌方。

(8)基坑开挖对邻近建筑物或临时设施有影响时,未采取安全防护措施,可能影响邻近设施的稳定性;如基坑附近有电线杆时,开挖基坑可能会使电线杆倾倒,导致触电事故。

2. 风险控制重点

基础开挖过程中,须重点防范基坑坍塌、人员窒息伤害和物体打击伤害等。

(1)在软基中开挖基坑时必须进行支护,以防发生基坑坍塌。

(2)基坑开挖过程中,必须按规定进行放坡,以防发生基坑坍塌。

(3)基坑顶部周围严禁堆放重物,以防发生基坑坍塌和物体打击伤害。

(4)基坑开挖过程中,遇坑壁涌水、涌砂时,应立即停止施工,以防发生基坑坍塌。

3. 风险控制技术

(1)用吊斗出土时,应有防护措施,吊斗不得碰撞支撑。

(2)开挖基坑严禁采用局部开挖深坑,从底层向四周掏土的方法施工。

(3)基坑开挖中,弃土堆坡脚与坑口边缘的距离不得影响基坑边坡的稳定。

(4)采用机械开挖基坑时,应确保地基的承载能力,以防机械倾翻。

(5)在土石松动地层或在粉、细砂层中开挖基坑时,应先做好安全防护措施。

(6)开挖基坑应视地质和水文情况、基坑深度,按规定坡度分层进行,以防发生坑壁坍塌。

(7)基坑开挖后,为防止机械、行人掉落,应在基坑周围拉安全警戒线进行防护,并设置安全警示标志。

(8)施工人员进入基坑作业前,应先将基坑周围有可能滚落的石块、危石等清除,以防发生物体打击伤害。

(9)基坑顶有动载时,坑口边缘与动载间的安全距离应根据基坑深度、坡度、地质和水文条件及动载大小等情况确定,且均不应小于 1.0 m。

三、基础施工

1. 风险分析

(1)施工现场违章用电,可能导致触电事故,造成人员伤亡。

(2)作业人员不按规定佩戴劳动防护用品,可能导致机械伤害和物体打击伤害。

(3)打桩机、钻机等基底不坚固,作业过程中这些设备可能发生倒塌,导致机械伤害和物体打击伤害。

(4)危险处所未按规定设置防护措施和警示标志,如在深基坑顶部周围未拉安全警戒线,可能导致高处坠落伤害。

(5)机械设备操作人员无证上岗,操作不规范,可能导致机械伤害和物体打击伤害。

(6)基坑支护变形检查、处理不及时,如发生较大变形却未处理时,很有可能发生基坑坍塌,工作人员在基坑内施工时,极可能导致物体打击伤害和人员窒息事故。

(7)机械设备未按规定进行检查验收,当存在不合格设备且工作人员不知情时,可能出现重大事故;如起重机的钢丝绳磨耗严重,起吊重物时,可能会突然坠落,导致物体打击伤害。

(8)未做好排水措施,没有及时将基础施工过程中遇到的地下水排离工程范围,或基础施工过程中遇到泉眼出露的情况,严重影响施工进度;当积水较多,浸湿围岩时,也极有可能导致涵洞塌陷,造成人员窒息事故。

2. 风险控制重点

基础施工过程中,须重点防范触电伤害、人员窒息事故、机械伤害和物体打击伤害等。

(1)施工过程中要规范用电,以防发生触电事故。

(2)危险处所须按规定设置防护措施和警告标志。

(3)定时定期对基坑支护变形进行检查,一旦发现问题应及时处理,以防基坑坍塌。

(4)施工人员必须按规定佩戴劳动防护用品,系好安全绳,以防发生物体打击伤害和高处坠落伤害。

3. 风险控制技术

(1)机械设备等在施工前应按规定进行检查,经验收合格后方可使用。

(2)施工现场的周围设围栏和警示标志,严禁非工作人员进入和操作。

(3)机械设备进入施工现场前,应查明行驶路线上的承载力和通行净空,保证机械设备的顺利通行。

(4)人工抬运大块石料或设备时,应捆绑牢靠,动作协调一致,缓慢平放,防止石料或设备滚落伤人。

(5)机械设备操作人员必须身体健康,经过专业培训考试合格后,方可独立操作设备,且不准操作与操作证不相符的设备。

(6)涵洞施工之前,要做好排水设计,包括洞身排水和底下的基础排水;施工过程中,要严格按照设计图纸上的要求进行,不得擅自更改。

四、涵洞墙身施工

1. 风险分析

(1)堆放管节的地面不平整,放置时可能会损坏管节。

(2)墙身涂抹混凝土不均匀,存在气泡、鱼鳞纹等,影响施工质量。

(3)挡板支撑不符合规定要求,当挡板质量不良或不满足施工要求时,挡板可能达不到预期功能,致使部分洞身塌陷,发生窒息事故。

(4)涵洞沉降缝材料选取不当,影响沉降缝的施工质量,如温差变化较大时,沉降缝不能发挥其预期作用,可能会缩短涵洞的使用寿命。

2. 风险控制重点

涵洞墙身施工过程中,须重点防范洞身坍塌、管节损坏等。

(1)管节在运输、安装过程中应注意防止管节受到碰撞而损坏。

(2)涵洞沉降缝端面应竖直、平整,上下不得交错搭压影响沉降。

(3)严禁混凝土车司机及现场施工人员随意往混凝土中加水,以防发生鱼鳞纹现象。

(4)墙身模板的安装、拆除时,须先检查坑壁稳定和牢固情况,以防发生洞身坍塌。

3. 风险控制技术

(1)钢筋接头布置在承受应力较小处,并应分散布置。

(2)安装钢筋时,钢筋的位置和混凝土层的厚度要符合要求。

(3)拆除的模板和废料要及时清除,钉子要及时拔掉或打弯。

(4)施工场地狭小、机械设备作业繁忙的地段应设临时交通指挥人员。

(5)起重机吊装作业时,吊点应正确;人工辅助作业时,应注意人身安全。

(6)起重机装卸管涵时应有信号工指挥,且风力 6 级及以上时严禁作业。

(7)起吊管节时,不得将钢丝绳直接套住管节,应采取必要的措施防止管节受损。

(8)涵洞沉降缝填缝材料应具有弹韧性、不透水性和耐久性,并应连续填塞密实。

(9)盖板、圆管、拱圈等预制件,在移动、堆放、装卸、施工过程中,应防止碰撞。

(10)拱圈、盖板就位浇筑时,拱架、支撑、模板应安装牢固,并应搭设脚手架平台和栏杆进行防护。

(11)起重作业前必须检查起重机的制动器、吊钩、钢丝绳和安全防护装置是否完好,严禁机械带病作业。

(12)涵洞施工中,要按规定进行挡板支撑,首先在材料选取上要选择质量良好的挡板,其次要保证支撑过程中的每一个步骤都符合规范要求。

五、涵洞出入口砌筑

1. 风险分析

(1)高处作业时,脚手架不稳,导致高处坠落伤害。

(2)碎石作业时,石块飞出伤人,导致物体打击伤害。

(3)用电不当,可能会因线路老化或操作不当,发生触电事故。

(4)抬运石料时,捆绑不牢靠,石块滚落伤人,导致物体打击伤害。

2. 风险控制重点

涵洞出入口砌筑时,须重点防范高处坠落伤害和物体打击伤害。

(1)施工过程中要规范用电,禁止违章用电现象,以防发生触电事故。

(2)进行碎石作业时,工作人员做好防护措施,以防发生物体打击伤害。

3. 风险控制技术

(1)高处作业前,工作人员要系好安全带,做好防护措施。

(2)洞口帽石和端墙、翼墙应平直,无翘曲现象,并应棱角鲜明,表面整洁。

(3)高处作业前,脚手架要支撑稳固,以防发生脚手架突然坍塌,导致高处坠落伤害。

(4)人工抬运大块石料时,应捆绑牢靠,动作协调一致,缓慢平放,防止石料滚落伤人。

六、墙背回填

1. 风险分析

(1)混凝土或钢筋混凝土预制构件在施工过程中出现碰撞,损坏构件。

(2)墙背回填时间过早,盖板的强度还未达到设计强度,可能压塌涵洞,导致整个工程的失败。

(3)挖土机、起重机工作时存在违规操作,极易导致机械伤害,如手或身体被卷入,手或其他部位被刀具划伤,被转动的机具缠压住等。

(4)作业人员酒后作业或疲劳作业,可能会由于误操作进而影响施工质量;如果作业人员在高处作业或在电源旁边,还极易发生坠落和触电事故。

2. 风险控制重点

墙背回填过程中,须重点防范机械伤害。

(1)管涵填土厚度较小时,严禁任何车辆和机械直接从上面通过,以防压坏管节。

(2)混凝土或钢筋混凝土预制构件在移动、堆放、装卸、运输过程中,应防止碰撞。

3. 风险控制技术

(1)电工、电焊工必须穿绝缘鞋,戴绝缘手套,且必须持证上岗。

(2)夜间施工时,现场必须有充足的照明设备,并尽量选在白天浇筑混凝土。

(3)起重机的作业地面应坚实平整,支脚必须支垫牢靠,回转半径内不得有障碍物。

(4)起重机在电线两侧作业时,起重臂、钢丝绳或重物等与电线线路应保持 3 m 左右的安全距离。

(5)过渡段填筑应从涵洞两侧水平分层对称填筑压实,通行大型机械时,涵洞顶填土厚度应通过检算确定。

(6)严禁人员酒后作业、疲劳作业。

(7)混凝土在运输过程中不应发生离析、漏浆和坍落度损失过多等现象,当运至浇筑地点发生离析现象时,应在浇筑前进行二次搅拌,但不得再次加水。

第二节 渡槽施工安全技术与风险控制

一、土方工程施工

1. 风险分析

(1)将弃土堆积在进出水池池槽边,可能会引发水池边坡失稳,导致水池坍塌。

(2)将开挖出的弃土运至弃渣场过程中,当开挖点与弃渣场距离较远或路上车流量较大时,可能会由于司机疲劳驾驶或酒后驾驶导致车辆事故。

(3)机械开挖与人工开挖同时进行,当驾驶挖掘机的作业人员操作不当或从事人工开挖的作业人员注意力不集中时,可能会使挖掘机碰撞到作业人员,导致机械伤害。

(4)对原基础回填夯击时,如密实度达不到要求,投入使用后,基础可能会出现不均匀沉降,轻者会影响渡槽的使用性能,严重时可能会导致渡槽坍塌,尤其是当渡槽下方车流量较大时,会发生严重的车辆伤害和物体打击事故。

2. 风险控制重点

土方工程施工过程中，须重点防范机械伤害、车辆伤害、结构物坍塌等事故。

(1)严禁在进出水池池槽上方堆置弃土，以防槽边失稳。

(2)基坑开挖时，确保按规定进行放坡，以防发生坍塌和物体打击伤害。

(3)对原基夯实过程中，选取优质的砂砾石料进行分层分段填筑，务必使密实度达到要求，以防发生渡槽坍塌的事故。

3. 风险控制技术

(1)回填土必须层层夯实，要求土料压实度达到96%。

(2)增强施工人员安全意识，禁止酒后作业或疲劳作业。

(3)采用挖掘机出土时，应有防护措施，挖斗不得碰撞排桩。

(4)基坑开挖时，要按规定进行放坡，确保边坡的承载力满足施工要求。

(5)挖掘机开挖与人工开挖同时进行时，两者之间必须保持足够的安全距离。

二、钢筋施工

1. 风险分析

(1)大量钢筋堆放在一起，从底部取用少数钢筋时，可能会发生钢筋从上至下大面积滑落，导致物体打击伤害。

(2)钢筋切割过程中，工作人员注意力不集中或配合不协调时，可能会发生切割机切削伤人，导致机械伤害事故。

(3)钢筋的设计尺寸不符合要求，造成混凝土的保护层过大或过小，给后期的养护工作带来困难，严重时会缩短渡槽的使用年限。

(4)钢筋的数量和形状与要求不符，如钢筋数量小于设计所规定的数量，此时钢筋的强度与刚度有可能超过允许值，钢筋会过早出现疲劳现象。

2. 风险控制重点

钢筋施工过程中，须重点防范机械伤害与物体打击伤害。

(1)钢筋切割时，切割机周围禁止无关人员停留，以防发生机械伤害。

(2)钢筋加工时，技术负责人要详细核查钢筋材料表的正确性，确保钢筋的数量、尺寸符合设计要求。

3. 风险控制技术

(1)钢筋堆放时，禁止竖向高度过大，以防发生物体打击伤害。

(2)钢筋下料加工应按钢筋图进行现场放样，经检查无误后方可施工。

(3)钢筋切割时所用工具不得随意抛掷，尤其严防工作人员从高处向低处抛扔钢筋、铁锤等。

三、模板施工

1. 风险分析

(1)脚手架搭设、模板固定不牢固，可能会使预制混凝土达不到规定的强度或者出现脚手架倒塌的事故。

(2)在搭接模板过程中，可能会由于脚手架强度不足，导致作业人员从高处跌落，发生高处坠落伤害。

(3)拆模时用力过猛过急,可能会导致模板损坏,而且当模板与混凝土粘结牢固时,还可能破坏结构。

(4)拆模过早,混凝土强度还未达到设计要求,不仅影响渡槽的外观和使用,而且给拆模工作带来很大困难。

(5)使用未经检查、维护的模板,模板的质量和使用性能没有保证,给施工带来更多的不确定性,危险系数加大。

2. 风险控制重点

模板施工过程中,须重点防范高处坠落伤害、机械伤害与物体打击伤害。

(1)严禁使用未经检查、维护的机械设备,以防发生机械伤害。

(2)模板拆除时,结构混凝土强度应满足设计要求或规范规定,严禁过早、用力过猛过急地拆除模板,以防损毁结构和发生物体打击伤害。

3. 风险控制技术

(1)板缝之间采用夹放海绵胶条,以防止板缝间跑漏灰浆。

(2)拆模时禁止用力过急,拆下来的木料、螺钉要及时运走,集中放置,以防丢失。

(3)当混凝土强度能保证其表面及棱角不因拆模而受损时,即可拆除侧模板。

(4)就地浇筑渡槽时,脚手架、模板及施工平台应安装牢固,并对受力杆件进行检查核算,通道及平台周围应设防护。

(5)模板采用复合木模板或钢模板,保证模板的强度、刚度、稳定性满足使用要求,可以有效地承受浇筑混凝土的重量、侧压力及施工荷载。

四、混凝土施工

1. 风险分析

(1)作业人员在喷射混凝土时,喷口前方有其他施工人员,可能导致物体打击伤害。

(2)作业人员在喷射混凝土时,未佩戴安全帽、口罩等防护措施,很可能导致物体打击伤害。

(3)喷射设备发生故障时,如作业人员未立即进行检查,混凝土可能会突然喷发而出,导致物体打击伤害。

(4)喷射过程中,碾压、踩踏管路,轻者可能会使喷射头方向不受控制,严重时可能会踩爆管路,给施工带来困难;

(5)混凝土的水胶比设计不符合要求,导致混凝土过湿或过干,给喷射操作带来困难,并且导致混凝土的强度达不到设计要求。

(6)混凝土养护温度、湿度和养护时间不符合要求,可能会导致混凝土的抗压、抗剪强度有所下降,从而影响结构的耐久性和稳定性。

2. 风险控制重点

混凝土施工过程中,须重点防范物体打击伤害。

(1)严禁喷射混凝土过程中碾压、踩踏管路,以防发生踩爆管路的事故。

(2)喷射混凝土时,喷嘴不得面对有人方向,以防发生物体打击伤害。

(3)混凝土浇筑应严格控制水胶比,以防发生混凝土过干或过湿的现象。

(4)喷射混凝土过程中,应设专人指挥,专人操作喷射设备,喷射机发生故障时,应先停风、水后再处理,以防发生物体打击伤害。

3. 风险控制技术

(1)喷射混凝土过程中,作业人员应正确佩戴安全帽、口罩等防护用品。

(2)喷射混凝土作业前应检查现场环境、管路、接头、压力表及安全阀。

(3)混凝土在养护时,应确保其表面湿度、温度适宜,且养护时间不得少于14 d。

(4)对渗水的坑壁,喷射顺序应由上而下,喷射混凝土终凝2 h后,应进行湿润养护。

(5)混凝土采用机械拌制、机械振捣,浇筑前对砂石骨料、水泥进行检验,严格按混凝土配合比施工。

(6)对无水或少水坑壁,喷射顺序应由下而上,每次下挖后应及时喷护,喷射混凝土终凝2 h后,应进行湿润养护。

(7)尽可能在施工地点拌制混凝土,如确需运输混凝土时,运输时间不得超过20 min,若混凝土发生离析、泌水或坍落度不符合要求时应进行废弃。

五、槽身施工

1. 风险分析

(1)成槽机、起重机工作时,吊臂下站人,可能导致物体打击伤害。

(2)高处作业人员不按规定佩戴劳动防护用品,可能导致高处坠落伤害。

(3)起重吊装作业中有违规操作,轻者可能会使机械设备出现故障,影响施工进度;重者机械设备可能碰撞到施工人员,导致车辆伤害。

(4)预制的渡槽梁在起吊、架设时,可能与墩台及已架设好的渡槽梁发生碰撞,轻者可能会损坏渡槽梁的部分结构,严重时可能导致整个梁报废。

(5)跨越公路、铁路施工时无防护措施,可能会导致车辆撞击构筑物,而且施工过程中掉落下来的重物可能会砸伤行人、车辆,导致物体打击伤害和车辆伤害。

(6)保护设施不齐全、监护人员不到位时,作业人员下槽、孔内清理障碍物,若没有佩戴好安全绳等防护措施,可能发生高处坠落伤害。

2. 风险控制重点

槽身施工过程中,须重点防范高处坠落伤害、物体打击伤害和车辆伤害。

(1)成槽机、起重机工作时,吊臂下严禁站人,以防发生物体打击伤害。

(2)高处作业人员要佩戴好劳动防护用品,系好安全绳,以防发生高处坠落伤害。

(3)渡槽施工过程中,若其下有行人、车辆通行时,应采取防护措施,以防发生物体打击伤害。

3. 风险控制技术

(1)预制的渡槽梁在起吊、架设时,应防止与墩台及已架设好的渡槽梁发生碰撞。

(2)跨越道路施工时,应采取防护棚等防坠落设施,以防止落物伤及行人和车辆。

(3)跨越道路施工时,行车道前方应设置限位门架,禁止超高、超宽车辆通行,支架、支墩应设置防撞墩加以保护。

(4)起重吊装作业时,禁止无关人员进入现场。

(5)两台起重机同时起吊,必须注意负荷的分配,每台起重机分担的负荷不得超过该机的80%,以防任何一台负荷过大造成起重事故。

第十章　桥面及附属工程施工安全技术与风险控制

第一节　桥面施工安全技术与风险控制

1. 风险分析

(1)在桥面系施工前,存在上下行桥之间空隙处未布设安全网的不安全状态。

(2)存在将桥面物件及垃圾抛往桥下的不安全行为。

(3)砌体施工时,存在抛掷、快速滚动等不安全行为。

(4)存在桥面无防风措施、未设置防坠落措施等不安全状态。

2. 风险控制重点

(1)在桥面系施工前,严防上下行桥之间空隙处未布设安全网的不安全状态,以免造成高处坠落伤害。

(2)杜绝将桥面物件及垃圾抛往桥下的不安全行为,以免造成物体打击伤害。

(3)砌体施工时,严防抛掷、快速滚动砌体等不安全行为,以免造成物体打击伤害。

(4)严防无防风措施、未设置防坠落措施等不安全状态,以免造成高处坠落伤害。

3. 风险控制技术

(1)桥面系施工前,上下行桥之间空隙处应满布安全网。

(2)反开槽安装的伸缩装置在槽口应临时铺设钢板或砂袋,并应在开槽处设置警示标志。

(3)桥面清扫垃圾、冲洗弃渣等应集中收集后运往指定地点,不得直接抛往桥下。

(4)混凝土防撞护栏的施工应符合下列规定:

1)装配式梁桥防撞护栏施工前,边梁应与中梁连接牢固。

2)单柱墩桥梁防撞护栏应两侧对称施工。

(5)砌体施工时,石料应堆放稳固。

(6)往桥面吊运物料时,应严格遵循起重吊装的安全规定。

(7)围栏、吊篮的安装,应采用跨度不大于 2 m 的挂钩脚手架,脚手板固定在脚手架上。

(8)施工期间,桥头应封闭或派人看守,禁止与施工无关人员上桥。

第二节　声屏障施工安全技术与风险控制

1. 风险分析

(1)存在吊臂、吊绳、起吊材料可能触碰带电线路的不安全状态。

(2)存在将机具、材料放置在桥两边防撞墙上的不安全行为。

(3)存在声屏障随意码放的不安全行为。

(4)存在起吊前未详细检查吊具的不安全行为。

2. 风险控制重点

(1)脚手架防护栏杆上要铺设毛毯,严防屏体安插时工人与之硬性碰撞,以免造成人身伤害。

(2)安装声屏障时,严防无防风、防坠落措施的不安全状态,以免造成物体打击伤害和高处坠落伤害。

(3)严防吊臂、吊绳、起吊材料触碰接触电线,以免造成触电伤害。

(4)杜绝与作业无关人员上桥,以免造成各种意外伤害。

(5)严防作业人员将施工机具及材料放置在桥两边防撞墙上的不安全行为,以免高处坠物伤人。

3. 风险控制技术

(1)现场起吊作业应配备专人防护,严防吊臂、吊绳、起吊材料触碰接触电线。

(2)施工机具及材料严禁放置在桥两边防撞墙上,以防高处坠物伤人。

(3)声屏障应码放整齐,起吊时,应仔细检查吊具。钢丝绳表面磨损或腐蚀超过断面的10%,应于予报废,不得继续使用。

(4)屏体向立柱槽中安插时应有防止屏体和人员坠落的高处作业安全防护。

(5)作业人员安全带系扣在脚手架上部,脚手架护栏上要铺设毛毯,防止屏体安插时作业人员与之硬性碰撞,造成人身伤害,同时也保护屏体不受碰撞引起的质量问题。

(6)声屏障施工应注意:

1)单元板存放、运输及装卸过程中,应保证板正立,使用临时支架应保证单元板不受损伤。装卸时各吊点或支点应受力均匀,各吊点或支点应位于同一平面。

2)声屏障安装时应有防风、防坠落措施,桥下应设防护。

(7)施工期间,桥头应封闭或派人看守,禁止与施工无关人员上桥。

第三节　附属工程

1. 风险分析

(1)砌筑片石锥体护坡时,作业人员若将片石从上面往下翻滚的方法搬运,则可能滚动的片石砸伤作业人员,也可能砸毁机具。

(2)砌筑锥体护坡时,作业人员若将手脚伸入拼砌面以试探是否对齐等动作,可能被片石挤伤。

(3)进行护栏施工时,在桥边缘处若不挂设防护网,可能造成施工人员坠桥。

2. 风险控制重点

(1)砌筑片石锥体护坡时,杜绝将片石从上面往下翻滚的不安全行为。

(2)吊运石料时,严防违章起重作业的不安全行为,以免造成起重伤害。

3. 风险控制技术

(1)工间休息时严禁人员在桥护栏边坐卧休息、嬉戏、打闹。

(2)砌筑片石锥体护坡时,严禁将片石从上面往下翻滚。

(3)砌筑采用人工抬石就位时,应捆绑牢固,动作一致,缓慢下放。砌块应用撬棍拨移,不得将手脚伸入拼砌面。

(4)物件吊装时,要使用缆风绳,捆绑牵引,保证吊装物件不在空中打转。

(5)进行护栏施工时,应在桥边缘处挂防护网,以防人员、物件坠落,发生事故。

(6)采用小型吊运机吊送石料至砌筑面时,吊运机机座应固定牢靠。石料吊送到砌筑面时,施工人员应避让。

(7)砌筑桥台护坡时,应采用马凳及跳板等配合施工,马凳应摆放牢靠。

参考文献

[1] 中华人民共和国交通运输部.JTG F90—2015 公路工程施工安全技术规范[S].北京:人民交通出版社,2015.
[2] 辛文义,等.混凝土搅拌站安全要素分析[J].工程机械与维修,2008(03):118-119.
[3] 张益鸿.混凝土搅拌站安全性设计的几个问题[J].建设机械技术与管理,2009,22(3):120-123.
[4] 张伟坤.铁路制梁场系统安全管理[J].中华建设,2011(8):154-155.
[5] 胡金生.箱梁场的规划研究[J].上海铁道科技,2010(2):87-88.
[6] 李海江,等.公路施工现场预制梁场选址影响因素分析[J].中国水运月刊,2010,10(5):174-175.
[7] 中华人民共和国铁道部.TB 10303—2009 铁路桥涵工程施工安全技术规程[S].北京:中国铁道出版社,2009.
[8] 黄守刚,王宁.铁路工程施工安全精细化管理[M].北京:中国铁道出版社,2012.
[9] 胡永.杭州湾跨海大桥南岸超长栈桥拆除施工技术[J].建筑施工,2007,36(02):60-62.
[10] 胡永.杭州湾跨海大桥南岸超长栈桥拆除设计[J].铁道建筑,2007(07):15-17.
[11] 广东省长大公路工程有限公司.悬索桥施工安全技术[M].北京:人民交通出版社,2011.
[12] 蔡兴洋.临近既有线桥梁施工安全注意事项及措施[J].高速铁路技术,2012(2):82-84.
[13] 赵志杰.连续跨越高速、省道现浇桥梁施工安全措施探讨[J].科学之友,2012(28):78-79.
[14] 尹彦文.浅谈上跨既有铁路桥梁施工安全管理对策[J].江西建材,2016(2):161-165.
[15] 宋荣恒,蔡芸.高速公路桥梁施工安全管理与控制[J].交通世界,2015(12):12-13.